눈 내리면 대구요,
비 내리면 청어란다

06 우리말에 깃든 생물이야기

눈 내리면 대구요, 비 내리면 청어란다

초판 1쇄 발행일 2017년 10월 24일
초판 2쇄 발행일 2020년 7월 15일

지은이 권오길
펴낸이 이원중 **펴낸곳** 지성사 **출판등록일** 1993년 12월 9일 **등록번호** 제10-916호
주소 (03458) 서울시 은평구 진흥로 68(녹번동 162-34) 정안빌딩 2층(북측)
전화 (02) 335-5494 **팩스** (02) 335-5496
홈페이지 www.jisungsa.co.kr **이메일** jisungsa@hanmail.net

ⓒ 권오길, 2017

ISBN 978-89-7889-342-8 (04470)
ISBN 978-89-7889-275-9 (세트)

이 도서의 국립중앙도서관 출판시도서목록(CIP)은 서지정보유통지원시스템 홈페이지
(http://seoji.nl.go.kr)와 국가자료공동목록시스템(http://www.nl.go.kr/kolisnet)에서
이용하실 수 있습니다. (CIP제어번호:CIP2017025854)

눈 내리면
대구요,
비 내리면
청어란다

지성사

글머리에

스무 해 넘게 글을 써 오던 중 우연히 '갈등葛藤' '결초보은結草報恩' '청출어람靑出於藍' '숙맥菽麥이다' '쑥대밭이 되었다' 등의 말에 식물이 오롯이 숨어 있고, '와우각상쟁蝸牛角上爭' '당랑거철螳螂拒轍' '형설지공螢雪之功' '밴댕이 소갈머리' '시치미 떼다'에는 동물들이 깃들었으며, '부유인생蜉蝣人生' '와신상담臥薪嘗膽' '이현령비현령耳懸鈴鼻懸鈴' '재수 옴 올랐다' '말짱 도루묵이다' 등에는 사람이 서려 있음을 알았다. 오랜 관찰이나 부대낌, 느낌이 배인 여러 격언이나 잠언, 속담, 우리가 습관적으로 쓰는 관용어, 옛이야기에서 유래한 한자로 이루어진 고사성어에 생물의 특성들이 고스란히 담겨 있음을 알았다. 글을 쓰는 내내 우리말에 녹아 있는 선현들의 해학과 재능, 재치에 숨넘어갈 듯 흥분하여 혼절할 뻔했다. 아무래도 이런 글은 세상에서 처음 다루는 것이 아닌가 하는 생각에서였으며, 왜 진작 이런 보석을 갈고 닦지 않고 묵혔던가 생각하니 후회막급이었다. 그러나 늦다고 여길 때가 가장 빠른 법이라 하며, 세상에 큰일은 어쭙잖게도 우연에서 시작하고 뜻밖에 만들어지는 법이라 하니……

정말이지, 글을 쓰면서 너무도 많은 것을 배우게 된다. 배워 얻는 앎의 기쁨이 없었다면 어찌 지루하고 힘든 글쓰기를 이렇게 오래 버텨 왔겠으며, 이름 석 자 남기겠다고 억지 춘향으로 썼다면 어림도 없는 일이다. 아무튼 한낱 글쟁이로, 건불만도 못한 생물 지식 나부랭이로 긴 세월 삶의 지혜와 역사가 밴 우리말을 풀이한다는 것이 쉽지 않겠지만 있는 머리를 다 짜내 볼 참이다. 고생을 낙으로 삼고 말이지. 누군가 "한 권의 책은 타성으로 얼어붙은 내면을 깨는 도끼다"라 설파했다. 또 "책은 정신을 담는 그릇으로, 말씀의 집이요 창고"라 했지. 제발 이 책도 읽으나 마나 한 것이 되지 않았으면 좋겠다.

"밭갈이가 육신의 운동이라면 글쓰기는 영혼의 울력"이라고 했다. 그런데 실로 몸이 예전만 못해 걱정이다. 심신이 튼실해야 필력도 건강하고, 몰두하여 생각을 글로 내는 법인데.

이 책을 포함하여 최소한 5권까지는 꼭 엮어보고 싶다. 이번

작업이 내 생애 마지막 일이라 여기고 혼신의 힘을 다 쏟을 생각이다. 새로 쓰고, 쓴 글에 보태고 빼고 하여 쫀쫀히 엮어 갈 각오다. '조탁'이란 문장이나 글 따위를 매끄럽게 다듬음을 뜻한다지. 아마도 독자들은 우리말 속담, 관용구, 고사성어에 깊숙이 스며 있는 생물 이야기를 통해 새롭게 생물을 만나 볼 수 있을 터다. 옛날부터 원숭이도 읽을 수 있는 글을 쓰겠다고 장담했고, 다시 읽어도 새로운 글로 느껴지며, 자꾸 눈이 가는, 마음이 한가득 담긴 글을 펼쳐보겠다고 다짐하고 또 다짐했는데, 그게 그리 쉽지 않다. 웅숭깊은 글맛이 든 것도, 번듯한 문장도 아니지만 술술 읽혔으면 한다. 끝으로 이 책에서 옛 어른들의 삶 구석구석을 샅샅이 더듬어 봤으면 한다. 빼어난 우리말을 만들어 주신 명석하고 훌륭한 조상님들을 참 고맙게 여긴다.

차례

글머리에   4

일러두기

1. 학명은 이탤릭체로 표기하였다.

2. 책 이름은『 』로, 작품(시, 소설, 그림, 노래) 제목은「 」로 표기하였으며, 신문과 잡지 명은〈 〉로 구분하였다.

3. 어려운 한자나 외래어는 되도록 쉬운 우리말로 표기하고자 하였으며, 의미를 좀 더 분명하게 하기 위해 필요한 경우 한자 또는 영문을 병기하였다.

독사는 허물을 벗어도 독사이다

　"독사는 허물을 벗어도 독사이다"란 아무리 변색을 해도 본색은 변하지 않음을 비유적으로 이르는 말이요, "독사 아가리에 손가락을 넣는다"란 매우 위험한 짓을 행함을, "독사의 입에서 독이 나온다"는 북한 속담으로 본바탕이 악한 사람은 결국 악한 행동만 함을, "돌담 구멍에 독사 주둥이"란 어떤 것이 여기저기 흔하게 많이 끼어 있음을 비유적으로 이르는 말이다.

　뱀은 1년에 두세 번 허물을 벗어 몸집을 늘리는데, 머리서부터 시작하여 꼬리까지 벗으니 개켜놓은 스타킹 같은 허물을 남긴다. 그런데 독사란 말만 들어도 모골이 송연해오지 않던가. 날름거리는 혓바닥에 움직이지 않는 눈알, 꼿꼿이 세운 독사 대가리만 생각해도 끔찍스러워서 몸이 으쓱하고 털끝이 쭈뼛

해진다. 누구나 꺼리는 그악스러운 뱀이다.

그런데 허물을 벗는(탈피) 동물은 곤충의 유생들이 대부분이
지만 여기 살모사도 껍질을 벗으니, 겉껍질이 단단하여 그것을
벗어버려야 몸집을 불릴 수 있다. 우리도 마음의 탈피를 자주
해야 진화가 있다. 그리고 물건이 커야 속에 든 것도 많다는 뜻
으로 "허물이 커야 고름이 많이 들었다"고 한다.

뱀은 뱀과 도마뱀을 합쳐 부르는 파충류로 세계적으로 2900종이나 되고, 우리나라에는 대륙유혈목이, 유혈목이, 비바리뱀, 실뱀, 능구렁이, 구렁이, 누룩뱀, 무자치, 살모사, 쇠살모사, 까치살모사 등 11종과 아무르장지뱀, 줄장지뱀, 표범장지뱀, 장지뱀, 도마뱀 등 도마뱀 5종을 모두 합쳐 고작 16종이 산다. 그리고 뱀은 오밤중에 활동하는 야행성이라 고양이처럼 눈동자가 세로로 짜개져 있고, 두 허파 중에서 왼쪽 것은 퇴화하여 오른쪽 하나만 활동성이며, 자잘한 등뼈가 자그마치 200~400여 개로 짤막짤막하기 때문에 똬리를 틀 수 있다.

이들 뱀 중에서도 독성이 강한 독뱀인 살모사속屬에는 살모사, 쇠살모사, 까치살모사가 있으며, 쇠살모사는 저지대, 살모사는 중간지대, 까치살모사는 고지대로 분서分棲하여 먹이경쟁을 피한다.

이들은 공통으로 난태생을 하는데, 척추동물 중에서 어류, 양서류, 파충류, 조류는 난생을, 파충류 중에서도 살모사 무리는 수정란이 난관에서 부화하여 새끼로 태어나는 난태생을, 포유류는 모체에서 양분을 얻어 자라는 태생을 한다. 알보다는 새끼로 태어나는 것이 단연 생존에 유리할 터.

그리고 독뱀은 하나같이 머리가 삼각형에 가까우며, 입을 열면 위턱의 독니가 저절로 벌떡 곤추서고, 독액venom으로 먹이를 마비시켜 머리부터 먹는다. 참고로 무독한 뱀은 먹이를 물지 않고 똬리를 틀어 질식시켜 죽인다. 뱀독은 종류에 따라 심장을 정지시키는 신경독neurotoxin과 모세혈관을 파열시키는 출혈독hemotoxins이 있으며, 뱀독(항원)으로 만든 항독물질antivenom은 뱀에 물린 곳을 치료하는 데 쓴다.

또한 살모사殺母蛇를 '살무사'라고 하는데, 이는 살모사의 '모母' 자를 '무毋' 자로 읽은 탓이고, '어미를 죽이는 뱀'이란 오명을 얻어 걸친 것은 아마도 새끼를 낳으면서 힘에 지쳐 꼼짝 못 하고 쓰러져 있는 어미 독사 둘레에 여남은 새끼들이 뒤엉켜 있는 모습을 보고 새끼들이 어미를 잡아 죽인다고 여겨 그런 것이리라. 그러나 아무리 독사라도 결코 어미를 해코지하지 않는다. 또한 영매스러운 살모사가 일부러 사람을 따라와 무는 일은 절대 없고, 사람이 무서워 기척도 없이 너부죽이 숨는데 얼결에 사람들이 영문도 모르고 자기의 방어 영역 안에 들면 안절부절못하다가 정당방위로 몸을 사리지 않고 영락없이 버럭 달려들어 무는 것일 뿐이다. 살모사에 물리면 생쥐는 30초 안에 죽지만 독액 양이 워낙 적어 사람이 죽는 일은 없다고 한다.

살모사Gloydius brevicaudus는 중국과 한국이 원산지로 동아시아에 살고, 살모사의 기준이 되는 표본이 야생하던 장소(모식산지模式産地)는 우리나라 부산이라 한다. 우리나라에는 쇠살모사가 사는 제주도를 제외하고 전국에 분포하며, 종명인 *brevicaudus*는 '짧은 꼬리'란 뜻이다. 몸길이 50~71센티미터로 몸은 비교적 앙바틈하고 똥똥하며, 눈 앞에는 눈을 통과하여 입꼬리(구각口角)에까지 검은 무늬가 있다. 머리가 삼각형인 것은 눈 뒤쪽에 한 쌍의 커다란 독선毒腺이 든 탓이다. 눈동자는 세로로 잘린 타원형인데, 밝을 적엔 눈동자가 거의 없어 보이지만 밤이 되면 넓게 퍼져 눈 전체가 숫제 눈동자인 것처럼 보인다.

그리고 무독한 다른 뱀들은 늘 머리를 수굿이 땅과 평행하게 두지만, 살모사는 움직일 때나 똬리를 틀 때도 늘 30도로 머리를 치켜들고 있는 것이 가장 큰 특징이다. 혀는 검고, 꼬리 끝은 연한 노란색이며, 닥지닥지 붙은 비늘마다 용골돌기龍骨突起, keeled scale가 있어 만지면 까끌까끌하다. 5월경에 짝짓기를 하고, 9~10월에 한 배(동물이 새끼나 알을 낳는 횟수를 세는 단위)에 2~13마리의 새끼를 낳으며, 새끼는 15~20센티미터이다. 또한 풀밭이나 돌무더기에 살면서 개구리, 도롱뇽, 새, 들쥐나 물고기를 잡아먹는 육식동물이다.

쇠살모사의 '쇠'는 '작다'는 뜻으로 무리 중에서 가장 크기가 작아(37~65센티미터) 붙은 이름이고, 가장 큰 특징으로는 혀가 붉다는 것이다. 살모사류 중에서 개체 수가 많은 편이고, 주로 들쥐를 잡아먹으며, 저지대의 산과 접하는 밭가나 돌담, 수풀이 무성한 곳과 너덜겅지대에서 수시로 볼 수 있다. 원산지는 러시아 동부, 중국 북동부, 한국이고, 거기에 산다.

까치살모사*G. saxatilis*는 러시아, 중국, 한국이 원산지이며, 살모사들 중에서 가장 큰 종이지만(80~100센티미터) 개체 수는 가장 적다. 살모사와 달리 눈 뒤에서 목까지 가는 흰 선이 없고, 넓은 회색띠가 있다. 주로 고지대의 외지고 깊은 산속에서 서식하며, 정오 무렵 계곡의 바위가 따뜻해지면 어우렁더우렁 떼거리로 나와 바위 위에서 똬리를 틀고 따사로운 햇살을 무시로 즐기는데, 종명인 *saxatilis*는 '너럭바위에서 본다'란 뜻이라 한다. 이렇게 보다시피 살모사 세 종 모두가 한국이 원산지라니, 우리와 무척 가까운 연줄이 있는 동물인 셈이다. 하여 불가근불가원不可近不可遠인 친구라 하겠다.

복장 터지다

'복장'이란 순수한 우리말로 '가슴의 한복판'을 이른다. 흉당胸膛이라 부르기도 하며, '가슴으로 품고 있는 생각'을 뜻하기도 하는데, 여기에서는 앞의 흉당 이야기를 하려 한다. 사실 복장 하면 배를 뜻하는지, 아니면 가슴을 의미하는지 도무지 헷갈리는 수가 더러 있다.

"복장이 따뜻하니까 생시가 꿈인 줄 안다"란 마음이 편안하고 걱정이 없으니 마치 꿈속에서 사는 것같이 여긴다는 뜻으로, 무사태평하여 눈앞에 닥친 걱정을 모르고 지냄을 비난조로 이르는 말이다. '안거사위安居思危 침과대적枕戈待敵'이라고, 편안할 때 위태로움을 생각하며 창을 머리에 베고 적을 기다린다고 했지.

관용구인 "복장 긁다" "복장 뒤집히다"는 성이 나게 한다는 뜻으로, "그는 평소에 하지 말라는 일만 골라 해 사람의 복장을 긁어놓았다" 등으로 쓰인다. 그리고 "복장 타다"란 고민이 되거나 안타까워 마음이 몹시 탈 때, "복장 터지다"란 매우 답답함을 느낄 적에, "복장을 짓찧다"란 마음에 대단히 심한 고통을 줄 때에 쓴다. 또 '복장거리'란 마음이 쓰리고 아프도록 걱정스럽거나 성가신 일을 일컫는 말이다.

가슴의 한복판(가슴골) 아래에 있는 복장뼈(흉골)는 15~20센티미터 길이의 납작한 칼 모양으로, 가슴의 앞 정중앙에 세로로 길쭉하게 걸쳐 자리하고 있다. 다시 말해서 가슴(흉부) 중앙부, 심장 앞에 놓여 있는 T자 모양의 뼈(가슴뼈)로, 갈비뼈(늑골) 열두 쌍과 연결되어 흉곽(가슴우리)을 형성하니, 갈비뼈는 앞으로는 복장뼈, 뒤로는 활처럼 휘어져 척추에 달라붙는다. 복장뼈는 태어날 때에는 하나의 연골조직으로 되어 있지만 성장하면서 각기 독립된 세 부분으로 골화(骨化)하여 복장뼈자루, 복장뼈몸통, 칼돌기로 분화한다. 그리고 흉강(胸腔)에 들어 있는 중요 기관인 허파(폐)와 심장을 물리적 충격으로부터 보호한다.

복장뼈자루는 복장뼈의 세 부분 중 가장 위에 있으며, 윗변은 약 5센티미터, 아랫변은 2.5~3.0센티미터로 일종의 마름모꼴이다. 윗변은 빗장뼈와 관절을 이루고, 아래는 복장뼈몸통과

각을 이룬 관절이 되니, 이를 복장뼈각(흉골각)이라 한다.

복장뼈몸통(흉골체)의 길이는 복장뼈자루의 약 두 배이며, 대부분 갈비뼈와 관절을 이루고, 아래에는 칼돌기가 붙는다.

칼돌기(검상돌기)는 복장뼈를 구성하는 세 부분 가운데 가장 아래에 붙고, 얇고 작은 연골판으로 구둣주걱 모양이며, 앞면에서 보면 안쪽으로 조금 말려 들어가 있다. 중년기 이후에는 골화가 진행되고, 때로는 저절로 끝이 좌우로 갈라져 있거나 중앙에 구멍이 나는 경우도 있는데, 갈라진 칼돌기는 유전되며, 친족 관계를 확인하는 데 이용되기도 한다.

그렇다. 요샌 허벅지 혈관을 통해 간단하게 시술을 하기에 드문 수술에 속한다 하겠지만 옛날엔 대부분 흉부외과에서 심장 수술을 할 때 한가운데로 복장뼈를 절개하였다. 그리고 복장뼈에 골절이 일어나는 수가 있으니 운전자, 럭비·축구 선수들이 가슴에 강한 타격을 받았을 때다. 또 복장뼈는 피부 바로 밑에 있어서 의료 검사용으로 골수를 채취하는 데 편리하게 쓰이는데, 다시 말하면 겉은 야문 경골硬骨로 덮였지만 안은 유관속조직이기에 골수조직 생체검사에 자주 쓰인다.

이제 복장뼈와 연결된 빗장뼈와 어깨뼈, 그 근방에 있는 가로막을 간단히 살펴본다. 빗장뼈(쇄골)는 복장뼈의 윗부분과 어깨를 빗장걸이 하는 뼈로, 목과 앞가슴 사이에서 어깨까지 느

슨한 S자 형태로 튀어나와 보이는 길쭉한 뼈다. 요새는 안 그렇지만 한 달에 한 번꼴로 목욕탕을 갈까 말까 했던 시절, 한 시간 넘게 때를 밀고 나면 수건에 밀리고 파여 피가 나고 따끔 거렸던 그 부위가 빗장뼈다.

어깨뼈(견갑골)는 등의 양쪽 위에 있는 뼈로 몸통의 뒤쪽과 팔을 연결하는 역삼각형 모양의 넓적한 뼈다. 공부 잘하라고 툭 쳐주는 어깻죽지 뼈 말이다. 그리고 어깨뼈는 위팔뼈(상완골)와 연결되니, 위팔뼈는 어깨에서 팔꿈치까지에 이르는 뼈로, 둥그런 위팔뼈의 머리가 어깨뼈와 맞닿아 어깨관절을 형성하는데 가끔 빠지는 수가 있으니, 말해서 어깨 탈골이라는 것이다.

다음은 가로막(횡격막) 이야기다. 가로막은 흉강과 복강腹腔을 나누는 근육성의 막으로 오직 포유류에만 있는 기관이다. 이 막은 호흡에 가장 중요한 기관이며, 둥근 지붕(돔)처럼 생겼다. 돔의 볼록한 윗면은 흉강의 바닥면을 이루고, 아랫면은 복강의 천장을 형성하며, 가로막 아래쪽은 복막腹膜과 이웃한다. 오른쪽으로는 간이 인접하며, 왼쪽 3분의 1은 위와 비장脾臟과 접한다.

가로막은 들숨(흡기) 시에 수축하여 복강을 아래로, 갈비뼈를 바깥쪽으로 밀어 흉강을 확장시킴으로써 흉강 안의 압력을 낮춰 공기를 허파 안으로 들게 한다. 반대로 가로막이 이완하면

날숨(호기)을 내쉬게 된다. 여자는 갈비뼈가 주로 작용하는 가슴호흡(흉식호흡)이 세다면, 남자는 가로막이 주로 작용하는 배호흡(복식호흡)이 강하다. 또한 가로막은 복압을 높여 구토나 배변을 돕고, 식도에 압력을 가해 위산이 역류되는 것을 예방한다. 요컨대 식도에도 영향을 미치는 가로막이로다!

덧붙여 "하품에 딸꾹질"이라거나 "기침에 재채기"란 말은 어려운 일이 공교롭게 계속되거나 일마다 해가 끼여 낭패를 보게 됨을 이른다. 딸꾹질은 숨을 들이마시는 동안 가로막에 경련이 일어나 성문聲門이 닫히면서 생기는 것이다. 보통 저절로 좋아지지만 여러 날이나 몇 주 동안 지속될 수도 있고, 대부분 특별한 원인 없이 발생하나 드물게 신경계통 질환이나 대상포진 등의 증상 때문에 생길 수도 있다.

여기까지 읽어내느라 독자들께서 애썼다. 그런데 사실 이런 인체 설명을 읽는 것도 복장 터지게 난해하지만 쉽게 쓰는 것도 적잖이 애를 먹고 적이 부아가 솟을 때도 흔하다. 그만큼 우리 몸이 그리 간단치 않다는 말이 아니겠는가. '복장'은 가슴의 한복판에 있는 '복장뼈'에 본 뿌리가 있음을 알았고, '애'의 원뜻은 '장腸'이며, '부아(화딱지)'는 허파를 이르는 말이고······.

울고 먹는 씨아라

내가 아주 어린 아이였을 때였지When I was a little bitty baby

엄마는 요람에 있는 날 흔들어주곤 했지My mama would rock me

in the cradle

옛 목화밭 집에서In them old cotton fields back home

(……)

오, 목화다래가 상하면Oh, when them cotton bolls get rotten

많은 목화를 딸 수 없어요You can't pick very much cotton

   대학 때 즐겨 불렀던 C.C.R의 「코튼 필즈Cotton fields」로 목화
의 꽃말(화사花詞)은 '어머니의 사랑'이란다. 경쾌하면서도 애조
띤, 어머니와 고향을 생각나게 하는 노래다.

"꽃은 목화가 제일이다"란 속담은 겉모양은 보잘것없어도 쓸모 있는 목화가 꽃 중에서 가장 좋다는 뜻으로, 겉치레보다는 실속이 중요함을, "씨아와 사위는 먹어도 안 먹는다"란 씨아(목화씨를 빼는 기구)가 목화를 먹는 것과 사위가 무엇인가를 먹는 것은 아깝지 않다는 뜻으로, 장모가 사위를 대단히 귀하게 여김을 이르는 말이다. 또 "울고 먹는 씨아라"란 씨아가 삐걱삐걱 소리를 내면서 솜을 먹으며 목화씨를 골라낸다는 뜻으로, 징징거리면서도 하라는 일은 어쩔 수 없이 다함을, "씨아 등에 아이를 업힌다"란 일이 매우 바쁘고 급함을, "씨아 틈에 불알을 놓고 견디지"란 누군가가 몹시 귀찮게 굶을 빗대 하는 말이다.

필자의 고향인 산청에서 태어난 삼우당 문익점 선생은 고려 때 학자이자 문신으로, 공민왕 1363년에 3년간 원나라에 갔다가 돌아오면서 붓두껍(필관筆管) 속에 목화씨 열 개를 감추어 가져왔으니, 예나 지금이나 산업 스파이를 단속했던지라 그랬을 것이다. 필자가 단성중학교를 다닐 적엔 가을 소풍 장소로 그리 멀지 않은 선생의 묘소(신안면)를 찾기도 했었지.

장인 정천익에게 목화씨를 주었으니 산청군 단성면 배양마을에 처음 씨를 심었고, 거기가 목화 시배지始培地로, 그 자리에 시배를 기념하는 전시관이 들어서 있다. 그곳 배양마을은 필자의 외가가 있는 곳이기도 하다. 그 무렵만 해도 삼베는 있었지만 목면木綿으로 짠 솜옷이 없었고, 오직 보들보들한 갈대 이삭의 갓털(관모冠毛)을 솜 대신 썼을 따름이었다.

목화Gossypium arboreum는 아욱과의 한해살이풀로 원산지는 인도나 파키스탄이고, 7000년 전부터 심어왔다고 하며, 키는 1~2미터까지 자란다. 잎은 10센티미터에 가까운 잎자루(엽병葉柄)로 줄기에 붙고, 바소(곪은 데를 째는 침으로 양쪽 끝에 날이 있다)꼴, 즉 피침형의 턱잎(탁엽托葉)이 있으며, 천생 단풍잎을 닮아서 3~5개로 짜개진 잎인 열편裂片이 있다. 상업적으로 키우는 목화는 세계적으로 4종이 있는데 그중 G. hirsutum이 90퍼센트로 제일 많고, 우리가 주로 재배하는 G. arboreum은 2퍼센트에 지나지 않는다고 한다. 이제 우리나라에서는 시배지에나 가야 만날 수 있을 지경이 되었다. 참고로 바로 앞에서 보듯 한자리에서 학명을 다시 쓸 때는 줄여 쓰기 때문에 G. arboreum은 G.로 썼다. 국제명명규약에 그렇게 약속되어 있다.

가을이면 은은한 한지색韓紙色 꽃을 피우니, 처음엔 하얗다가 나중엔 붉게 변한다. 꽃잎은 다섯 장이고, 겹으로 배배 말렸으며, 끝에 톱니(거치鋸齒)가 많이 난 꽃받침이 꽃을 받치고 있고, 한 개의 암술과 많은 수술이 있다. 열매는 1.5~2.5센티미터로 끝이 뾰족한 새 부리 모양으로 돋치며, 달걀형의 몽글몽글한 삭과蒴果로 영글면 꼬투리가 다섯 갈래로 갈라지면서 저절로 하얀 솜이 뽀송뽀송 부풀어 밀고 나온다. 사실 솜은 씨앗을 둘러싸고 씨를 멀리 퍼뜨리는 데 도움을 주자고 만들어진 것이다. 암튼 열매 끝에 뭉게뭉게 팬 솜은 결코 꽃 못지않아서 조선 시대 과거 때 '한 해에 두 번 꽃을 피우는 식물이 무엇인지'를

묻는 문제가 났을 정도라 한다.

　지금 생각하면 민망한 일이지만, 어릴 적엔 설익은 목화 열매인 살집 깊은 몰랑몰랑한 다래를 허기 달래느라 걸신들린 것처럼 따 먹기 일쑤였으니, 그 맛이 달달했다. 어른들은 그것 먹으면 "문둥이 된다"고 모질게도 겁주고 다그쳤지만 우리는 한사코 귀를 틀어막았지. 풀뿌리와 나무껍질로 애면글면, 겨우겨우 연명하던 시절이라 그런 소리가 귀에 들릴 리 만무했다. 그런데 목화씨에는 고시폴gossypol이라는 독성분이 들어 있다고 하니 어른들의 말씀이 틀리지 않았다.

　면실유棉實油는 식용유로 짜고, 나머지 찌꺼기는 소나 염소 등의 반추동물의 사료로 썼는데, 반추위를 가진 되새김동물은 유독색소 물질인 고시폴을 소화시킬 수 있지만 위가 하나인 동물은 분해하지 못하기에 먹이면 안 된다. 고시폴은 자연산 페놀phenol로 탈수소효소를 억제하는 독성이 있는 황색 색소이며, 중국에서는 남성 피임제로, 다른 여러 나라에서는 말라리아 치료제나 항암제로도 개발 중에 있다 한다.

　목화를 한자어로는 면화棉花, 초면草棉이라 하고, 우리 고향에서는 '미영'이라 부른다. 그런데 백내장을 수술 않고 그냥 두면 수정체의 단백질이 변성하면서 눈동자가 목화처럼 하얗게 변하니 "미영씨 박혔다"라 한다. 필자도 두 눈 모두 백내장 수술을 하였으니 고마운 현대 의약학 덕에 천만다행으로 당달봉사를 면하고 있다. 옛날 같으면 눈먼 뒷방 구닥다리 늙정이가 되어 처박혀 있을 터인데 이렇게 멀쩡하게 글을 쓰고 있으니 더없이 분에 넘치는 인생살이를 하고 있다.

목화가 한물간 것 같지만 꼭 그렇지는 않다. 레이온을 시작으로 나일론, 폴리에스터 순서로 합성섬유가 만들어지면서 목화산업이 퇴색한 것은 사실이다. 그러나 목화섬유는 고유 영역을 꿋꿋이 지켜가고 있다. 공기가 잘 통하는 순수한 섬유질로 물을 잘 빨아들이기에 고급 이불, 요, 수건, 티셔츠, 드레스, 원피스, 법의, 가운, 양말, 팬티, 침대보, 커피 필터, 텐트, 종이 등 그 용도가 무궁무진하다.

지금도 세계적으로 한 해에 2500만 톤 이상 생산되고 있으며, 가장 많이 재배하는 나라는 중국, 인도, 미국 순이고 한국은 명함도 못 내미는 실정이다. 아무튼 유전자를 재조합Genetically Modified한 목화를 만들어내어 목화다래나방Pectinophora gossypiella을 예방하고, 농약을 적게 쳐도 재배가 가능하게 되었다고 한다.

뭐니 뭐니 해도 무명옷은 여름에는 시원하고 겨울에는 따뜻한지라 필자 또한 옷 속에 목화솜을 두둑이 넣어 툭툭하고 따스한 솜바지를 만들어 입었다. 일언지하에 얼어 죽지 않은 것은 목화솜 덕분이었다. 문익점 선생님, 고맙습니다!

가슴이 숯등걸이 되다

　가슴이란 우리 몸에서 목과 가로막 사이의 부분을 말하고, 비슷한 말로 흉곽이라고도 하며, '마음이나 생각'을 뜻하기도 한다. 또 가슴의 다른 이름은 흉부이고, 그 내부의 장기가 자리한 공간을 흉강이라 한다.

　가슴에 얽힌 관용어들이 많기도 하다! 안달하여 마음의 고통을 느끼는 것을 "가슴 앓다"고 하며, 생각이나 느낌이 매우 심각하고 간절하여 가슴이 칼로 베듯 아픈 것을 "가슴 저미다"고 한다. 마음에 큰 충격을 받으면 "가슴을 치다"고 하고, 몹시 애태우는 것을 보고 "가슴 태우다", 마음속에 쓰라린 고통과 모진 슬픔이 지울 수 없이 맺힌 것을 "가슴에 멍이 들다"고 한다. 또 감정이 격해지면 "가슴에 불붙다", 잊지 않게 단단히 마음에 기억하는 것을 "가슴에 새기다", 상대편에게 모진 마음을 먹거나 흉악한 생각을 하는 것을 "가슴에 칼을 품다"고 한다. "가슴을 도려내다"는 마음을 아프게 함을, "가슴을 찢다"는 슬픔이나 분함 때문에 가슴이 째지는 고통을 주는 것을 말한다.

심한 양심의 가책을 받으면 "가슴에 찔리다", 가슴이 몹시 세차게 두근거리면 "가슴이 두방망이질하다", 가슴이 미어지면 "가슴이 막히다", 심한 충격을 받아 마음을 다잡기 힘들면 "가슴이 무너져 내리다"고 한다. 그뿐이랴. "가슴이 서늘하다"는 두려움으로 마음속에 찬바람이 이는 것같이 섬뜩함을, "가슴이 숯등걸이 되다"는 애가 타서 마음이 상할 대로 상함을, "가슴이 아리다"는 몹시 가엾거나 측은하여 마음이 알알하게 찌르는 것처럼 아픔을, 또 "가슴이 콩알만 해지다"는 불안하고 초조하여 마음을 펴지 못하고 있음을 말한다. 이 밖에도 이루 말할 수 없이 많은데, 이는 가슴이 우리의 행동과 생각에 깊숙이 연관되어 있다는 뜻이리라.

앞의 익힘말(관용어구)들에 하나같이 슬픔, 설움, 아픔, 분노, 애태움, 야속함 등 억울하고 원통한 마음이 깃든 것이 특징이다. 화병은 가슴이 그 뿌리요, 원류다. 울화병이라고도 부르는 화병을 영어로는 'hwa‑byung'이라 쓰고, 영어사전에도 '억제된 분노나 스트레스 때문에 생기는 심적이나 정신적인 병mental or emotional disorder as a result of repressed anger or stress'으로 풀이하고 있는 것을 보면, 사실은 우리에게만 화병이 있는 것은 아닐 테지만 아리송하게도 한국 사람들이 대체로 별나게 화병에 취약한 모양이다. 미국 정신의학회는 1995년 화병이 신경정신질환으로 한국인에게 독특하게 나타나는 민속문화증후군이라고 인정했다 한다.

화병은 일종의 우울증으로 속절없이 우울함, 식욕 저하, 불면으로 할쑥해지면서 호흡곤란이나 심계항진(심장 두근거림) 등의 증상이 함께 나타난다. 다시 말해 우울과 분노를 참고 억누른 결과, 그 억압된 분함이 영락없이 증상으로 나타난 것이다. "참을 인忍 자 셋이면 살인도 피한다"라거나 "참는 자에게 복이 있다"고, 마구잡이로 인내하고 감내하며 삭일 것을 강요당해 왔기에 그렇겠지만 무조건 참는 것이 결코 능사가 아니다. 시나브로 피로가 쌓이면 덜컥 병이 들듯, 참고 기다림도 한계가 있어서 소리 소문 없이 자꾸 쌓이고 뭉쳐 자칫 부푼 풍선처럼 터지는 법이므로 때로는 우물쭈물하지 말고 울화통은 그때그때 풀어버릴 것이다. 그러나 만에 하나 화난다고 돌부리를 차면 제 발등만 오지게 아프다.

가슴은 순환계인 심장, 호흡기계인 허파, 기관氣管, 기관지, 소화기관인 식도, 호르몬기관인 가슴샘(흉선胸腺)을 안고 있으며 가슴 곁에 유방이 있다. 가슴은 호흡에도 중요하니, 흉강과 내장이 들어 있는 복강을 경계 짓는 가로막과, 갈비 사이의 근육인 늑간근肋間筋이 호흡 운동에 중요한 몫을 한다.

그리고 앞서 말했듯 가슴의 앞 가운데 놓여 있는 판판한 복장뼈와 그 반대쪽 등에 있는 척추 기둥을 잇는 길고 휘움하게 활처럼 생긴 갈비뼈 열두 쌍이 흉곽을 이루어 심장, 허파 등의 장기를 보호한다. 위에서부터 1~7번 갈비뼈를 참갈비뼈true ribs라 하고, 8번부터 10번 갈비뼈를 거짓갈비뼈false ribs, 11번과 12번 갈비뼈를 뜬갈비뼈floating ribs라 하는데, 뜬갈비뼈는 끝 꽁무니가 복장뼈와 연결되지 않고 다른 것에 비해 짤따랗다. 일부 사람들은 뜬갈비뼈 두 개 중 하나가 없거나 세 개인 경우도 있는데, 따라서 성경에서 하나님이 아담의 갈빗대를 하나 뽑아 최초의 여자인 하와를 만들었다는 얘기처럼, 남자가 여자보다 갈비뼈가 하나 적다고 섣부르게 생각하는 것은 잘못이다. 갈비뼈는 1번부터 7번까지는 점차 길이가 길어지다가 8번부터는 점차 짧아진다. "갈빗대 휘다"는 갈빗대가 휠 정도로 책임이나 짐이 무거움을, "지렁이 갈빗대 같다"란 전혀 터무니없는 것이나 아주 부드럽고 말랑말랑한 것을 빗대 이르는 말이다.

가슴우리(흉곽)에는 생명을 유지하는 데 아주 중요한 기관이 들었으니 심장과 허파다. 심장은 복장뼈 뒤에 위치하며, 가슴의 정중앙을 기준으로 우측에 3분의 1, 좌측에 3분의 2의 비율로 조금 좌측으로 치우쳐 있고, 심장을 둘러싼 질기고 도타운 섬유질의 주머니를 심낭心囊이라 한다.

허파는 좌우 허파로 나뉘며, 성인의 경우 약 500~600그램 정도로 가볍고, 오른쪽 허파는 3엽葉, 왼쪽 허파는 2엽이다. 허파를 둘러싼 얇은 막을 늑막(肋膜, 가슴막)이라 하는데, 필자도 늑막염에 폐렴을 앓아서 번번이 검진 결과에서 "폐결핵을 앓은 흔적이 남았고……"라는 말을 으레 본다. 검진은 거짓말을 하지 않는다! 칠십하고도 다섯 해를 넘게 매운 세상살이를 살았으니 늘그막에 몸뚱어리 어느 한 구석도 제대로 성한 곳 없이 골병들고, 깊숙이 똘똘 뭉친 옹이만 남기 일쑤다.

"허파에 바람 들다"란 실없이 행동하거나 지나치게 웃어댈 때를, "허파에 쉬슨 놈"이란 도통 생각이 없고 주견이 서지 못한 사람을, "허파 줄이 끊어졌나"란 시시덕거리기를 잘하는 사람을, "간이 뒤집혔나 허파에 바람이 들었나"란 마음의 평정을 잃고 까닭 없이 웃음을 핀잔하는 말이다.

자나 깨나 들썩거리는 이 가슴 운동이 끝나는 날이 영영 세상을 떠나는 날이다. 가슴아 고맙다. 네가 쉬지 않고 움직여주어서 내가 이렇게 살아 글을 쓴다. 언젠가는 응당 멈추고 말 내 가슴팍! 죽음에 연연하지 말아야 한다는 것을 알면서도…….

바람 바른 데 탱자 열매같이

"바람 바른 데 탱자 열매같이"란 겉은 그럴듯하나 실속은 없는, 겉 다르고 속 다름을 빗대 이르는 말인데, 여기서 바람이 바르다는 말은 양명(陽明, 볕이 밝음)하고 환경이 좋다는 뜻일 터다. 또 일하지 않고 빈둥거리며 노는 사람을 비꼬아 "탱자탱자 논다"고 하는데, 이는 탱자가 둥글어 쉽게 나뒹굴기에 "뒹굴뒹굴 논다"를 비꼬아 쓴 말이다. "유자는 얼었어도 선비 손에 놀고 탱자는 잘생겨도 거지 손에 논다"고 하는 것은 예부터 유자는 가치 있는 과일로 여겼지만 탱자 열매는 하찮게 여겼다는 것. 그리고 "얽어도 유자"라고, 가치 있는 것은 조금 흠이 있어도 본디 갖춘 제 값어치를 지니고 있음을 이르는 말도 있다.

"강남의 귤도 강북에 심으면 탱자가 된다"란 남귤북지南橘北

枳, 귤화위지橘化爲枳를 뜻하는 말인데, 사람도 그가 처해 있는 곳에 따라 선하게도 되고 악하게도 됨을 이른다. 이것은 제4권에서도 다루었지만 아주 간단히 그 말의 유래를 다시 보자.

옛날 제나라에 안영晏嬰이란 유명한 재상이 있었는데, 심술이 난 초나라 임금이 한번 골탕을 먹이려고 그를 초청했다. 초나라의 임금은 죄인을 불러놓고 말했다. "너는 어느 나라 사람이냐?" "제나라 사람입니다." "무슨 죄를 지었느냐?" "절도죄를 지었습니다." 임금은 안영을 보고 말했다. "제나라 사람은 원래 도둑질을 잘 하는 모양이군요." 그러자 안영은 태연하게 답했다. "강남 쪽의 귤을 강북으로 옮기면 탱자가 되고 마는 것은 기후와 토질 때문입니다. 저 사람이 제나라에 있을 때는 도둑질이 무엇인지조차 몰랐는데, 초나라로 와서 도둑질을 한 것을 보면 초나라의 풍토가 지극히 좋지 않은가 하옵니다." 이에 임금은 안영에게 정중히 사과를 했다고 한다.

이제 남귤북지를 생물학적으로 알아보자. 서울의 한강처럼 중국의 강남(화남華南)과 강북(화북華北)을 구분 짓는 기준은 회하淮河이고, 강북에서는 귤이 자라지 못하고 탱자만 자란다. 하여 남귤북지란 말은 화남의 귤나무를 화북에 옮겼더니 귤나무에서 탱자가 열리더라는 말이 결코 아니다. 귤나무를 북쪽 추운 곳에 심으면 접을 붙인 접목椄木 귤나무는 얼어 죽고, 추위에 강한 대목臺木 탱자나무는 살아서 탱자가 열린다. 감나무가 죽고 나니 거기에 고욤나무가 나는 것도 같은 이치다.

탱자나무_Poncirus trifoliata_는 운향과의 낙엽활엽교목으로 구귤枸橘이라고도 하는데, 동의어(다른 학명)는 _Citrus trifoliata_이다. 한국 또는 중국을 원산으로 보며, 한국, 일본 등의 동아시아와 중국 중남부에 자생하고, 우리나라에서는 중부 이남에 분포한다. 무엇보다 같은 운향과인 산초, 초피나무, 귤은 탱자나무처럼 호랑나비 유충들이 즐겨 먹는 먹이식물이다.

나무의 높이는 3~4미터이며, 무지무지하게 앙칼지고 빳빳한 나뭇가지는 만 갈래로 촘촘히 엉클어지고 모서리가 뾰족하게 능각稜角지다. 그리고 녹색 줄기에 빼족빼족 돋은 앙상한 가시는 길이 3~5센티미터로 억세고 굵다. 잎은 번갈아가며 어긋나기하고, 세 장의 소엽(잔잎)으로 된 겹잎(복엽複葉)이라 탱자나무를 '잎이 셋인 오렌지'라고도 부른다. 가끔 소엽이 다섯 장짜리인 것도 있고, 둔한 톱니가 있으며, 둥글게 생겨서 가죽처럼 빳빳한 것이 윤기가 난다. 잎을 여러 갈래로 찢거나 손바닥에 사이에 넣고 싹싹 문지르면 오렌지 향이 난다.

5월 무렵에 피는 하얀 꽃은 잎보다 훨씬 먼저 가지 끝이나 잎겨드랑이에 피며, 향기가 은은하다. 꽃받침과 꽃잎은 각각 다섯 장씩이고, 분홍색 수술이 소복이 많으며, 암술은 한 개다. 10월에 열리는 지름 2~3센티미터의 샛노란 열매는 둥글고 탱글탱글하며, 솜털이 많이 나고, 여남은 단단한 씨앗이 옹골차게 속을 꽉 채운다. 탱자도 그토록 손孫을 많이 보고 싶은 게지. 탱자란 말에 탱탱하고 둥글둥글하다는 의미가 들었듯이 아주 야물고 단단해서 영어로 '하디 오렌지Hardy orange'라 부르기도 한다. 작은 나무에 토실토실한 노란 열매가 수두룩하게 지천으로 매달려 있는 모습은 참 장관이고 멋들어진다!

열매는 아주 써서 날로 먹기 어렵고, 겉껍질(외피外皮)로 걸쭉한 잼을 만들어 먹거나 말려 가루를 내어 소스로 쓴다. 열매가 익기 전에 따서 적당한 두께로 썬 후 햇볕에 꾸둑꾸둑 말려 그대로 약재로 사용하니 한방에서는 건위, 이뇨, 거담, 진통 등에 쓴다. 탱자 열매에서 추출한 네오헤스페리딘neohesperidin이나 폰키린poncirin은 위염에 좋고, 항알레르기나 항암, 퇴행성신경질환에도 효과가 있다 한다.

귤은 야생의 탱자를 사람의 입맛에 맞도록 개량하거나 돌연변이(가지변이)에 의해 개발되었다. 하여 귤*Citrus unshiu* 씨를 심으면 탱자가 나고, 마찬가지로 포도*Vitis vinifera* 씨를 심으면 머루 *V. coignetiae*, 감*Diospyros kaki* 씨를 심으면 고욤나무*D. lotus*, 사과*Malus pumila* 씨를 심으면 꽃사과*M. prunifolia*, 배*Pyrus serotina* 씨를 심으면 돌배*P. pyrifolia*가 달린다. 이 짝꿍들은 모두 서로 가까운 관계라 속명이 같고, 종명은 다르다. 속屬이 같기 때문에 접을 붙일 수 있는 것인데, 경우에 따라서는 속이 달라도 접을 붙인다.

　　또 앞의 예에서 뒤의 나무들은 모두 혹독한 환경(기온, 물, 거름)에서도 잘 견디는 대목으로 쓰인다. 다시 말하면 씨방(자방子房)은 맛이 나거나 크기가 커지는 돌연변이를 일으키지만 밑씨(배주胚珠)에는 변화가 없어 그대로 본성을 유지하고 있다는 것. 물론 탱자 씨를 심으면 탱자가 열리고, 고욤 씨를 뿌리면 고욤이 나는 것은 당연하다.

　　탱자나무 글을 쓰다 보니 어린 시절이 생각난다. "종기가 커야 고름이 많다" 하는데, 날카로운 탱자나무 가시로 종기를 따서 고름을 짰으려니와 바늘 대신으로 다슬기를 까먹는 데도 썼다. 통통한 탱자 한 톨을 손아귀에 집어넣고 매매 조물조물 만지작거리고 있으면 촉촉한 감촉에 진한 향기가 몸을 감쌌다.

　　탱자나무에는 가시가 많아 산울타리용으로 안성맞춤인데

"탱자나무 울타리는 귀신도 뚫지 못한다"고, 나쁜 기운을 막아 준다고 한다. 잇대어 심어놓으면 도둑도 주눅 들어 얼씬 못 할 뿐더러 옛날에는 귀양 간 죄수가 달아나지 못하도록 담장으로 사용하였다니, 슬픈 사연이 있는 나무로다!

나무도 옮겨 심으면 삼 년 몸살을 앓는다

뿌리는 식물의 밑동으로, 보통 땅속에 묻혀서 물과 양분을 빨아올리며, 줄기를 지탱하는 일을 하는 기관이다. 또한 식물 말고도 어떤 물건에 깊숙이 박힌 것이나 현상을 이루는 근본을 비유적으로 이르는 말이기도 하다. "인생은 뿌리 없는 평초"란 사람이 살아간다는 것은 마치 물 위에 떠도는 부평초(개구리밥)와 같이 허무하고 믿을 수 없음을, "대 뿌리에서 대가 난다" "왕대밭에 왕대 난다"란 어버이와 아주 딴판인 자식은 있을 수 없음을, "뿌리 없는 나무 없다"란 모든 나무가 다 뿌리가 있듯 무엇이나 그 근본이 있음을 뜻하는 말이다.

"풀을 베면 뿌리를 없이 하라"는 무슨 일이든 하려면 철저히 하여야 함을, "외로운 뿌리 잘 살지 못한다"는 북한 속담으로 외아들은 잘못되기 쉬움을, "딸 셋을 여의면 기둥뿌리가 팬다" "딸 삼 형제 시집보내면 좀도둑도 안 든다"란 딸은 시집보내는 비용도 많이 들고, '산적도둑'인 시집간 딸들이 닥치는 대로 살림살이를 가져가기에 도둑이 가져갈 것이 없을 정도로 살림이 줄어듦을 말한다. 여기서 산적이란 쇠고기 따위를 길쭉길쭉하게 썰어 갖은 양념을 하여 대꼬챙이에 꿰어 구운 음식으로, '적' 또는 '누름적'이라 한다. 마른 걸레는 물론이고 산적까지 가져가는 녀석들이 딸년들이다. 물론 나무라는 뜻으로 쓴 것이 아니고, 제 살자고 애쓰는 모습이 귀여워 하는 말이다.

"뿌리 깊은 나무 가뭄 안 탄다"란 땅속 깊이 뿌리 내린 나무는 가뭄에 타지 않아 말라 죽는 일이 없다는 뜻으로, 무엇이나 근원이 깊고 튼튼하면 어떤 시련도 견뎌냄을, "나무도 옮겨 심으면 삼 년은 뿌리를 앓는다"란 어떤 일을 치르고 난 뒤에 그 뒷수습을 위한 어려움이 많거나 무엇이나 옮겨놓으면 자리를 잡기까지 상당한 시일이 걸림을 비유적으로 이르는 말이다. 그래서 필자도 아이 셋이 다 대학에 들어가기 전 스무 몇 해 동안 서울이 온통 개발 유행을 탔어도 한번도 이사를 가지 않았다. '옮긴 나무의 몸살'을 주장하는 내 옹고집 탓에 집사람과 많이 다투기도 했었지. 그렇다. 뿌리 깊은 나무는 바람에 흔들리지 아니하니 꽃 좋고 열매 많으며, 샘이 깊은 물은 가뭄에도 마르지 아니하므로 내를 이루어 바다로 간다.

뿌리는 줄기가 넘어지지 않게 받쳐주는 지지 작용, 흙의 물과 무기양분을 빨아들이는 흡수 작용, 양분을 저장하는 저장 작용, 뿌리를 잘라 자손을 퍼뜨리는 영양생식에 관여한다.

알다시피 사막식물은 우리의 상상을 뛰어넘을 만큼 길고 많은 뿌리를 내린다. 일종의 적응인 것. 그런가 하면 물이 많은 곳에 살거나 숫제 물속에 사는 수생식물은 뿌리가 없다시피 한다. 모든 생물은 험악한 환경에 처하면 그것을 벗어나기 위해 애써 변하니 그것이 적응이요, 적응은 진화의 한 방편이다! 하여 역경 속에서도 열심히 공부하는 학생들에게 "당신은 진화중!"이라고 한껏 용기를 주고 타이른다.

커다란 아까시나무 한 그루가 멀리 500미터까지 거침없이 뿌리를 뻗는다고 한다. 그래도 그렇지, 어떻게 다져지고 굳은 흙바닥을 뚫고 물 찾아 거름 만나러 그렇게 멀찌감치 뻗는단 말인가. 더 놀라운 자료를 찾았다. 꼼꼼히 재보니 14주 된 옥수수 뿌리 한 포기는 깊이 6미터를 파고들고, 그 뿌리가 뻗은 둘레의 반지름은 5미터를 넘었다고 한다. 또한 다 자란 호밀 한 포기의 뿌리를 샅샅이 모아 일일이 이으면 어렵잖게 623미터나 되고, 그 표면적을 계산하니 물경 639제곱미터가 되더란다. 그리고 가장 깊게 뿌리를 내린 식물로 세계기록을 세운 녀석은 칼라하리 사막에 사는 *Boscia albitrunca*라는 나무로, 그 뿌리가 무려 60미터 깊이를 파고든단다. 정녕 놀랍다!

그런데 모든 관다발식물(유관속식물) 뿌리는 균류(菌類)나 세균과 공생한다. 균근(菌根)의 균사가 뿌리 내부까지 침입하여 식물 뿌리에 양분의 흡수를 돕고, 토양미생물은 뿌리로부터 탄수화물 등의 영양소를 받아 서로 도우며 산다. 특히 콩과(科) 식물은 뿌리에 뿌리혹(근류根瘤)을 만들어 그 속에 든 토양세균인 근균이 질소고정을 한다. 물론 한 개의 뿌리혹에는 수십억 마리의 질소고정세균이 들었고, 고정세균도 여러 속(屬)이 있을 정도로 많다. 콩과 식물의 뿌리에서 분비하는 플라보노이드 신호물질을 뿌리 주변의 토양세균인 근균이 알아차리면, 뿌리는 뿌리털에 변형을 일으켜 뿌리털 속으로 들어가는 관 모양의 감염사(感染絲)를 형성한다. 아메바가 세균을 잡아먹듯 드디어 근균의 세포내섭취(細胞內攝取)가 일어나는데, 이렇게 세균이 감염사를 통해 뿌리털 안으로 발밭게 드는 것 말고도 세포 틈(세포간극)으로 재빨리 뚫고 들어가는 수도 있다 한다.

세균이 뿌리에 들면 새로운 기관인 뿌리혹을 만들어 그 속에서 빠르게 분열하여 맨눈으로도 보이는 커다란 혹을 키운다. 세균은 질소고정효소를 써서 공기 중의 유리 질소를 암모니아로, 그리고 그것을 다시 암모늄이온(NH_4^+)으로 변형시켜 숙주식물이 질소비료로 쓰게 하는 반면, 식물은 세균에게 탄수화물과 단백질, 산소를 제공한다. 그런데 특이하게도 콩과科 식물은 사람의 헤모글로빈과 유사한 호흡색소인 레그헤모글로빈이라는 식물성 단백질로 세균에 일정하고도 적당한 산소를 공급한다. 이렇게 이들은 기막힌 '식물 - 세균 공생'을 하며, 일부 다른 세균들도 질소고정을 하지만 뿌리혹 세균같이 뿌리혹을 만들어 무리를 짓는 것은 드물다. 어쨌거나 거름이 없는 땅에 식물이 잘 자라지 못하는 까닭은 먹을 게 없을뿐더러 토양미생물이 번식하지 못하는 탓임을 알았을 것이다.

끝맺음의 글이라 해도 좋다. 땅 위에 우뚝 서 있는 잎줄기와 땅속에 들어 있는 뿌리의 생체량biomass이 거의 맞먹는다고 하면 독자들은 순순히 믿겠는가. 땅 위의 것을 모조리 잘라 모아 무게를 재고, 땅속의 뿌리를 널따랗게 송두리째 파내 재보면 둘의 무게가 엇비슷하다는 말이며, 무게만 비슷한 것이 아니라 뿌리의 깊이도 나무의 높이에 해당한다고 한다. 나무 한 포기를 뽑아서 거꾸로 뒤집어 파묻은 것이 뿌리로다. 나무가 호수에 그림자를 드리우고 있을 때, 물속의 나무 그림자가 그 나무의 뿌리에 해당하는 '거울 보기mirror image'를 하고 있다는 말이다. 그래서 '식물의 뿌리는 숨겨진 반쪽'이라 하는 것. 암튼 나무는 뿌리가 깊어야 하고, 사람은 생각이 깊어야 한다.

피라미만 잡힌다

큰 고기는 안 잡히고 잔챙이만 걸려들거나 큰 도둑은 안 잡히고 좀도둑만 잡힐 때 "피라미만 잡힌다"고 한다. 물론 피라미에 작다는 의미가 들어 있어 하는 말이다. 그리고 분포나 개체 수에서 제일가는 물고기인 피라미는 우리나라 강에서 살지 않는 곳이 없으니, 물고기를 잡았다 하면 피라미가 걸려들 수밖에 없다.

피라미 이야기를 하자니 오늘따라 어류학자 최기철 은사님은 물론이고, 여러 죽마고우들이 그립다. 아무리 둘러봐도 다 저승에 가 계신다. 오늘은 두 개의 내일보다 낫다고 하지 않는가. 또 개똥밭에 굴러도 이승이 좋고, 살아 있는 개가 죽은 사자보다 낫다는 것이며, 사는 것은 금붕어에게도 아름답다 하지

범죄와의 전쟁

않는가. 언젠가는 따라가야 할 길인데 진정 착하게 살다가 곱게 죽는다는 선생복종善生福終을 하고 싶다.

수천 갈래의 강은 한군데로 모이고 하나의 산은 만 갈래로 갈라진다. 지리산의 중산리, 대원사, 뱀사골 계곡의 물줄기가 모여 덕천강을 이루니, 그 강의 초입에 우리 집이 있었다. 강은 펴졌다가는 오므라들면서 굽이침을 되풀이하며 흘러 흘러가 진주 진양호에 다다른다. 이 강에서 멱 감고, 다슬기와 물고기를 잡으며 우리 어린 시절을 다 보냈다!

그때는 고기잡이 방법도 여럿 있었다. 어디 한번 챙겨보자. 샛강에서는 물막이를 만들어 물길을 돌려놓고 새끼 고기를 잡았는가 하면, 여뀌 잎줄기를 돌로 콩콩 짓이겨 너럭바위 밑에다 풀어놓고 놈들을 잡았다. 큰 돌을 두 팔로 들어 머리 위까지 치켜들고 강바닥의 돌머리를 내리치면('메방'이라 하였다) 물고기가 충격을 받아 질식한다. 또 돌 밑에다 슬금슬금 맨손을 집어넣어 더듬이질하여 고기를 잡기도 했지. 넓적한 돌 천장에는 동사리가 오돌오돌한 알을 한가득 붙여놨으니 그 짜릿한 감촉을 잊지 못한다. 행동이 뚱하여 재빠르지 못할 때를 비유하여 사투리로 '뚜구리(동사리의 경상북도 사투리)'라 하는데, 집사람의 어릴 때 별명이 뚜구리였다!

물론 낚시질도 **빼놓**을 수 없으며, 족대 역시 가장 효과적인 고기잡이 도구였다. 또 여울에 보쌈(어항)을 놓으니 그때 어항은 커다란 양푼이거나 사발이었다. 헝겊을 팽팽히 감아 아가리를 덮고 아래를 질끈 매어 묶고는 가운데 똥그랗게 구멍을 내어서 그 어귀에다 된장을 바르고, 안에 밥풀을 으깨어 넣어두면 쉬리들이 많이 걸려들었다.

수경水鏡을 쓰고, 물고기총(작살의 앞 끝에 미늘이 있고 뒤에 고무줄이 달려 있다)을 들고 들어가 바위 밑을 샅샅이 뒤진다. 발소리 안 나게 두 발을 살금살금 들었다 놓으면서 강바닥을 노려본다.

모래 바닥에는 주로 모래무지*Pseudogobio esocinus*나 동사리가 엎드려 있으니 넓고 큰 머리 부위를 조준하여 탁! 쏜다. 백발백중이다.

전쟁 때는 수류탄이나 다이너마이트를 용龍바위(큰 바위) 밑에 집어넣었으니 물고기들이 뒤집어져 허연 배를 드러내고 둥둥 떠 나왔다. 또 상류에 푼 청산가리가 강 따라 흘러내리면서 깡그리 물고기 씨를 말렸다. 한술 더 떠서 발전기까지 동원하여 전기로 지져 잡기도 했다. 몹쓸 전쟁 탓에 물고기도 세상에 없는 수난을 겪었다.

그리고 강을 가로질러 그물을 쳐놓고 밤을 지샌 후 다음 날 걷어 올려 그물에 걸린 고기를 딴다. 또한 아주 캄캄한 밤에도 고기를 잡으니 몽당대빗자루를 모아 끝에다 헝겊 뭉치를 칭칭 감고 석유를 묻혀 횃불을 만든다. 밤이 되면 물고기들이 얕은 물가로 몰려나와 잠을 잔다. 놈들이 밝은 불빛에 정신을 못 차리니 그냥 주워 담는 꼴이고, 가재나 새우도 덤으로 줍는다.

이제 마지막 고기잡이다. 내 어린 시절의 두 친구인 성문이와 종근이는 오리그물을 줄줄이 펴면서 강의 양쪽으로 가곤 했다. 오리그물이란 굵은 끈에다 얇게 깎은 갈쭉한 나무토막을 중간중간 묶어둔 것이다. 양쪽에서 줄을 당겼다 놨다 하면서 강을 거슬러 올라가면 나무토막이 좌우로 움직이면서 올라채는 것이 물고기들에겐 오리로 보이는 것이다. 물이 얕은 곳에

다다르면 이제는 고인이 된 내 친구 핵이가 바짝 긴장한 채 쫓기는 물고기의 동태를 눈이 뚫어지게 살펴보다가 불안에 떠는 고기 떼를 보는 순간 옴나위없이 획! 하고 투망(그물)을 쫙 편다. 투망 코에는 은빛 피라미들이 요동을 친다. 그런데 강폭이 좁아진 곳에 이르면 갑자기 피라미들이 물가 자갈밭으로 냅다 내뛴다. 나무토막을 오리로 아는 이 바보 녀석들이!

배보다 배꼽이 더 큰 꼴이 됐지만 이제 본론인 피라미*Zacco platypus* 이야기다. 잉어목 잉어과의 민물고기로, 깊거나 고인 물이 아닌 2급수의 여울에 주로 서식하고, 상당히 공해에 내성이 강해 3급수에서도 거뜬히 견딘다. '피리' 또는 '생피리'라고도 불리는 피라미는 몸길이 10~15센티미터로, 몸이 옆으로 납작하면서 날씬하고, 선명한 은백색을 띠며, 등은 청갈색이다. 감자 꽃 필 무렵인 6월경에, 물살이 느리고 모래나 자갈이 깔린 곳으로 올라와 지름이 30~50센티미터 되는 산란장을 만들어 알을 낳고 정자를 뿌린다.

피라미는 우리나라 서해안과 남해안의 하천에 분포하고, 태백산맥의 동쪽에는 분포하지 않으며, 중국, 베트남, 일본, 대만 등 아시아에만 서식한다. 수서곤충이나 그 애벌레를 먹기도 하지만 주로 돌에 붙어 있는 조류algae를 먹는다. 위턱이 아래턱보다 앞으로 나와 있고, 비늘은 큰 육각형으로 광택이 난다.

산란 시기에 수컷은 전형적인 화려한 혼인색을 띤다. 머리의
밑바닥이 검붉어지고, 가슴과 배, 그리고 아주 큰 뒷지느러미
가 주황색으로 바뀌며, 새까맣고 좁쌀 같은 사마귀돌기(산란기
에 몸이나 지느러미의 표면에 나는 사마귀 모양의 돌기)가 **빽빽**하게 주둥이
아래에 달라붙는다. 사마귀돌기는 상피上皮가 두꺼워져서 생긴
것으로 발정기에만 나타나며 '추성追星, nuptial organ'이라 한다. 이
때는 수놈의 아가미 부위가 붉어져 '적새어赤鰓魚' 또는 '불거지'
라 부른다.

　　피라미가 있으면 반드시 같은 속屬의 갈겨니Z. temmincki라는 놈
이 따라붙는다. 옆줄(측선側線) 비늘이 피라미는 42~45개, 갈겨
니는 48~55개이며, 또 갈겨니는 몸길이가 18~20센티미터로
피라미보다 좀 크다. 보통 피라미를 잡어로 취급하지만 뼈가
연하여 비늘을 긁어내고 찜, 매운탕, 튀김 등으로 요리해 먹기
도 한다.

어르고 등골 빼다

등골이란 등짝 한가운데로 길게 고랑이 진 곳 또는 머리뼈 아래에서 엉덩이 부위까지 서른세 개의 뼈가 이어진 척주(脊柱, 등심대)에서 각각의 척추(脊椎, 등뼈) 속에 있는 중추신경인 척수(脊髓)를 이른다. 등골은 곧 척수다. "정수리에 부은 물이 발뒤꿈치까지 흐른다"는 속담에서 그 물이 타고 흐르는 곳은 전자의 등골이지만, 앞으로 여기서 다루는 것들은 모두 후자의 등골이다.

척수의 길이는 보통 남자는 45센티미터, 여자는 43센티미터이고, 사람의 척수는 서른하나의 마디로, 크게 목(경부)·가슴·허리(요부) 척수로 나뉜다. 소의 척추 속에 있는 등골은 날것으로 먹기도 하지만 전을 부쳐 먹거나 국을 끓여 먹기도 하는데, 이는 고급 식재료로 우리나라뿐 아니라 프랑스에서도 자주 쓰인다고 한다.

"등골이 서늘하다"란 두려움으로 아찔하고 떨림을, "등골 빼먹다"란 남의 재물을 착취하거나 농락하며 빼앗음을, "등골 뽑다"는 남을 몹시 고생스럽게 함을, "등골 우리다"란 달래거나 위협하여 남의 재물을 억지로 빼앗음을, "어르고 등골 뺀다"거나 "어르고 뺨 치기"란 그럴듯한 말로 꾀어서 은근히 남을 해롭게 함을 이르는 말들이다.

그리고 등골을 골수骨髓라고도 한다. "골수에 맺히다"란 잊히지 아니하고 마음속 깊이 응어리져 있음을, "골수에 박히다"란 어떤 생각이나 감정이 빠져나갈 수 없게 마음속 깊이 자리잡힘을, "골수에 사무치다" "골수에 새기다" "가슴에 새기다" "마음에 새기다" 들도 잊지 않게 단단히 마음에 기억한다는 뜻이다.

또 등골을 다른 말로 '뼛골'이라 하니, "뼛골 빼다" 하면 원기가 탈진하여 힘이 모두 없어지게 됨을, "뼛골 빠지다"란 육체적으로 매우 힘든 일을, "뼛골 아프다"란 너무나 고통스러워 뼛속까지 아픔을, "뼛골에 사무치다"란 원한이나 고통 따위가 뼛속에 파고들 정도로 깊고 강하다는 말이다.

하여 등골, 골수, 뼛골은 같은 뜻으로 쓰임도 매우 흡사하다. 덧붙여 머리(두부)에 들어 있는 뇌수腦髓를 '골(뇌)' '골머리(머릿

52

골' 또는 속되게 일러 '골치'라 하며, 다른 말로 '머릿살'이라 하는데, 이 말들에 얽힌 익힘말을 본다.

먼저 골과 골머리에 얽힌 관용구다. "골 싸매다"란 온 힘을 다함을, "골(골머리) 썩이다"란 어떤 일로 몹시 애를 쓰며 골똘히 생각함을, "골 쓰다"는 어떤 문제로 이리저리 생각하거나 애씀을, "골(골머리) 앓다"는 어떻게 하여야 할지 몰라서 머리가 아플 정도로 생각에 몰두함을, "골 비다" "머리가 비다"란 지각이나 소견이 없음을, "골 저리다"란 찬 기운으로 뼛속까지 저림을, "골(골머리) 빠지다"란 머리를 몹시 쓰거나 애태움을 뜻한다. 그리고 골치와 머릿살과 연관된 관용어로는 "골치 앓다" "머릿살 앓다" "머릿살 아프다" 등으로 모두 어떻게 하여야 할지 몰라서 머리가 아플 정도로 생각에 몰두함을 뜻한다.

이렇게 등골이나 골과 골머리에 얽힌 사연들이 참 많다. 그리고 골육상쟁骨肉相爭이란 가까운 혈족끼리 서로 싸움을 이르는 말로 동족상잔同族相殘, 자중지란自中之亂도 비슷한 의미다.

생물학적으로 골수는 여러 뼈 안의 공간을 채우고 있는 부드러운 조직을 일컫는다. 앞에서 말한 등골만을 뜻하지 않고 모든 커다란 뼛속의 신경계로 혈구를 생성하는 조직인 것이다. 즉 적혈구, 백혈구, 혈소판과 같은 혈액세포를 만드는 조직인데, 성인은 뇌나 척수의 중심 골격과 넓적다리뼈(대퇴골), 위팔뼈에 조혈골수가 있다. 조혈골수의 약 50퍼센트는 지방으로 채워져 있으니 뼈로 곰국을 끓였을 때 기름이 둥둥 두껍게 끼는 까닭이 여기에 있다. 그리고 성인의 몸에는 평균 2.6킬로그램의 골수가 있으며, 골수 1킬로그램을 기준으로 하루에 적혈구 20억 개, 혈소판 70억 개, 림프구 8.5억 개를 생산한다고 한다.

골수는 크게 적색골수와 황색골수로 나뉘며, 각각 절반씩 하여 적색골수는 적혈구, 백혈구, 혈소판을 만들고, 황색골수는 일부 백혈구를 만든다. 적색골수는 적혈구를 생산하는 탓에 붉지만, 황색골수는 지방세포가 많아 황색으로 보인다.

또한 척수는 여러 신경을 뇌수와 연결시킨다. 척수 하면 먼저 '척수반사(등골반사)'를 떠올리게 되는데, 응급실에서 의식이 없는 환자의 눈꺼풀을 열어 손전등을 비춰보거나 반사용 망치로 무릎을 톡 치는 것을 종종 본다. 앞의 행위는 뇌, 뒤의 것은 척수의 이상 유무를 일단 건성으로 보는 것으로, 만일 동공반사(밝은 빛에 눈동자가 오므라든다)가 없으면 뇌에 이상이 있다는 증거요, 척수반사(무릎을 때리면 다리를 든다)가 없으면 척수에 문제가 있는 것이다.

척수반사는 척수를 중추로 해서 일어나는 무조건반사를 말하며, 보통 신장伸長반사와 굴근屈筋반사가 있다. 신장반사로 대표적인 것은 앞에서 말했듯 무릎을 가볍게 망치로 치면 다리를 바짝 올리는 작용이고, 굴근반사는 뜨거운 것이 손발에 닿으면 팔과 다리를 바로 들어 올리는 작용이다.

감각기관(수용기)에서 자극을 받으면 감각뉴런은 이를 척수에 전달하고, 척수에 있는 연합뉴런은 운동뉴런에, 운동뉴런은 반응기관인 근육에 전달하여 근육이 움직이게 되니, 이런 일련의 반사 경로를 반사궁反射弓이라고 한다. 반사궁은 동물이 자극에 반응하는 가장 빠른 수단으로 생존과 밀접한 관련이 있다. 앞서 말한 신장반사와 굴근반사는 이런 반사궁을 거친다.

칠팔월 은어 곯듯

　"칠팔월 은어 곯듯"이란 음력 칠팔월에는 알을 낳은 은어의 배가 홀쭉해진다는 데서 비롯된 말로, 갑자기 수입이 줄어 살아가기가 곤란함을 뜻한다. 이것이 은어에 얽힌 유일한 속담인데, 그 속의 '곯다'란 말에 연관하여 재미나는 속담 몇 개를 함께 보탠다. "곯아도 젓국이 좋고 늙어도 영감이 좋다"란 아무리 늙었어도 오로지 오래 정붙이고 산 자기 배우자가 좋음을, "왜 알 적에 안 곯았나"란 태어나기 전에 죽었더라면 좋았을 것이라는 뜻으로, 사람의 용모가 추잡하고 하는 짓이 못됐음을 비꼬는 말이고, "과부가 찬밥에 곯는다"란 홀몸이라 먹는 것이 부실하여 허약해진 과부가 많다는 말이다.

　은어는 바다빙어과에 들고, 빙어와 아주 닮았으며 겉으로 보아 새끼 송어와도 흡사하다. 맑은 물을 좋아하여 오염된 하천에서는 살지 못한다. 옛날부터 은어는 몸이 은빛이라 하여 은광어銀光魚라 했고, 특히 주둥이의 턱뼈가 은처럼 하얗다고 은구어銀口魚라 불렀다. 일본, 중국, 대만, 홍콩을 비롯하여 우리나라 전역에 분포한다.

큰 것은 몸길이가 15센티미터나 되고, 몸은 가늘고 긴 것이 옆으로 납작하며, 등은 황갈색을 띤 회색이고, 배는 은백색을 띤다. 주둥이 끝이 뾰족하며, 옆줄은 거의 직선이다. 번식기가

되면 수컷은 혼인색婚姻色을 띠게 되니 기름지느러미와 뒷지느러미 가장자리에 붉은색이 나타나고, 머리와 등 쪽은 검은색, 배 쪽은 오렌지색의 세로줄이 또렷하게 나타난다. 혼인색은 일종의 성선택sexual selection으로 암놈, 즉 이성이 자기를 짝으로 골라주기를 바라는 기원이 묻어 있으며 사람도 하나 다를 게 없다. 그리하여 건강한 유전자만 은어 집단에 남게 된다.

은어처럼 정해진 철에 따라 바다와 강을 회유回遊하는 것을 양측회유兩側回遊라 하고, 이런 물고기를 양측 회유어라 한다. 바다에서는 잡식성으로 갑각류의 유생, 수서곤충, 갯지렁이, 해면 등을 먹지만 강에 오르면 주로 돌에 붙은 부착 조류를 갉아 먹는다. 덧붙이면, 자라면서 바뀌는 식성에 따라 이빨의 모양도 바뀌는데, 바다에서 생활할 때는 잡식성이라 이빨이 원뿔 모양이지만 강에 올라와 초식성이 되면 톱날 모양으로 변한다.

이제 독자들도 눈치챘을 것이다. 연어나 은어 따위들이 바다로 가는 뜻은 풍부한 먹이를 얻기 위한 적응이요, 진화한 습성이라는 것을. 강은 먹을 것이 거의 없는 메마른 삶터인지라 먹이가 풍요로운 바다로 가서 마음껏 먹고 실컷 자라 다시 강에 올라와서 알을 낳고 죽는다는 것을 말이다. 어찌 좁고 작은 강에서 그 큰 연어가 그렇듯 크게 자랄 수 있겠는가 말이다.

은어의 산란기는 9~10월이며, 여울이 지고 모래와 자갈이 깔린 곳을 번식 장소로 고른다. 한 마리 암컷에 여러 마리 수컷들이 몰려들어 요란하게 몸을 부비고 팔딱거리면서 소란을 피운다. 지느러미로 모래와 자갈을 파내 산란장을 만들면 드디어 알을 낳는다. 보통 온도에서는 2주 만에 수정란이 부화하며, 6밀리미터쯤 자란 새끼들은 바닷물이 섞인 기수汽水에 며칠 머물다가 바다로 뛰어든다. 너 나 할 것 없이 갈래길에서는 망설이게 되니, 염분에 적응(담금질)하는 이런 과정을 순치馴致, acclimation라 한다.

아무튼 바다에 든 이들은 한겨울을 강과 가까운 바다에 머물면서 풍부한 먹이를 실컷 먹고, 이듬해 3~4월이면 덩치가 얼추 열 배(6센티미터쯤)나 자라 제가 태어난 강으로 되오른다. 또 여름 한철을 강에서 머물며 대차게 자라나 어미가 그랬듯이 늦가을이 되면 유전자를 남기고 바동거리다가 죽고 만다. 새끼치기를 다 끝마친 어미 아비 은어들은 쇠잔해져서 추레한 몰골로 시나브로 사그라지고 만다. 여기까지가 짧디짧은 은어의 부질없는 한살이다.

그런데 약 15년 전부터는 양식 기술이 발달하여 많은 양식산 은어가 유통되고 있다 한다. 이는 은어를 육봉화陸封化한 것으로, 바닷물고기를 바다로 보내지 않고 민물에 머물게 하는 것을 육봉이라 한다. 일본의 비와호에서는 오래전에 은어 육봉화에 성공하였고, 우리나라도 안동댐 상류의 명호천에 잡아넣은 은어가 잘 자란다고 한다. 잘 알다시피 무지개송어가 육봉화한 대표적인 물고기다.

은어 낚시는 은어가 바다로 내려갔다 강으로 돌아오는 때부터 산란 직전까지 이어진다. 서슬이 시퍼런 은어는 성깔 있는 물고기로 세력권에 뜨내기가 얼씬만 하면 휘젓고 활개 치며 달려 나가 눈알을 부라리고 악다구니 퍼부으며 냅다 쫓는다. 어느 생물치고 텃세를 부리지 않는 것이 없다지만 암팡지고 당찬 은어는 텃세가 심한 놈으로 이름났다. 그래서 이런 은어의 습성을 낚시꾼들이 교묘하게 이용하니 말해서 놀림낚시라는 것이다. 살아 있는 어린 은어나 은어 모형을 낚시 끝에 매달아 은어가 노니는 곳에다 집어던져 흔들어대면서 짓궂게 놀리면 침입자를 몰아내는 데 눈이 먼 은어는 망설임 없이 난폭하게 날뛰면서 몸부림친다. 그러다 미끼 옆에 매달아둔 예리한 가시 바늘에 그만 배나 코가 꿰이고 만다.

은어는 생선회로 많이 먹는데 맛이 담백하고, 비린내가 나지 않으며, 살에서 오이 또는 수박 향이 물씬 난다. 내장째 튀겨 먹거나 매운탕을 끓여 먹기도 하며 조림으로 해 먹기도 한다. 우리나라를 비롯하여 동아시아에서 주로 먹는데, 일본인들의 은어 사랑은 유별나다. 일본에서는 은어를 '아유ㄱㅜ'라 하고,

은어 철이면 길들인 가마우지cormorant로 하여금 은어를 잡게 한다. 그들은 은어가 1년을 산다 하여 연어年魚라 하고, 살이 향긋하다 하여 향어香魚라고도 부르며, 서양인들은 은어를 '스위트 피시sweet fish'라 한다.

내 고향 진주 남강에서는 '은어 밥'이 유명했다 한다. 불린 쌀에 은어를 넣고 지은 밥으로, 은어의 살을 발라내어 밥과 섞고, 양념장에 다진 붉은 고추와 풋고추, 깨소금, 참기름, 고춧가루를 곁들였다고 한다. 지금은 강이 오염되고 댐이 만들어져서 아쉽게도 은어가 사라졌고, 따라서 은어 밥도 더불어 없어지고 말았다. 오호통재라, 사라지고 없어지는 것이 어디 이뿐일라고. 제행무상諸行無常이라, 세상 모든 것이 늘 변하여 한 가지 모습으로 머물지 않는구려.

밀밭만 지나가도 취한다

"밀가루 장사하면 바람이 불고 소금 장사하면 비가 온다"란 밀가루 장사를 하려고 장을 펼치면 바람이 불어와서 가루가 날리고, 소금 장사를 하려고 판을 벌리면 비가 와서 소금이 녹아내린다는 뜻으로, 일이 공교롭게 매번 뒤틀어짐을 뜻한다. 또 "음식 같잖은 개떡수제비에 입천장 덴다"는 변변치 아니하여 우습게 알고 대한 일에 뜻밖의 큰 손해를 입는 경우를 일컫는 말이고, "수제비 잘하는 사람이 국수도 잘한다"란 어떤 한 가지 일에 능숙한 사람은 그와 비슷한 다른 일도 잘한다는 말인데, 물고기 잘 잡는 사람이 매운탕도 잘 끓인다고 하던가.

그런데 "수제비 뜨다"란 끓는 장국이나 미역국에 반죽한 밀가루 반대기를 만들어 넣거나, 둥글고 얄팍한 돌을 물 위로 튀어 가게끔 비스듬히 던지는 것(물수제비)을 이르는데, 먹는 수제비와 던지는 돌은 모두 납작하고 얇은 것이 서로 닮았다.

물수제비stone skipping 하니 어릴 적 생각이 번듯 난다. 학교를 오가면서 팔이 빠져라 돌멩이 멀리 보내기 시합을 했으니 말이다. 물수제비를 더욱 잘 뜰 수 있는 방법이 있다. 밑돌을 던질 때 돌이 물의 표면과 평행에 가깝게 몸을 잔뜩 낮추고, 돌과 물 사이의 각도를 20도로 하여 비스듬히 던지는 것이 이상적이라 한다. 매끄럽고 반들반들한 돌일수록 물의 표면장력을 거스르지 않고 연거푸 수면을 담방담방 스치면서 폴짝폴짝 가로질러 뛰어가게 된다. 꼭 야구에서 투수가 팔을 땅바닥과 거의 평행하게 휘두르면서 나붓이 공을 던지는 사이드암 스로side-arm throw처럼 말이다.

"밀밭도 못 지나간다" "밀밭만 지나가도 취한다" "밀밭만 지나가도 주정한다"는 속담들은 모두 같은 뜻으로, 밀은 베어서 털고 찧어야 술누룩을 만들 수 있는 것인데, 술을 만드는 재료인 밀을 심은 밭만 지나가도 취하고 주정한다는 뜻이다. 즉 성미가 급하여 일을 서두름이나 전혀 술을 못 마심을 비유적으로 이르는 말이다.

여기서 술누룩은 '곡자麵子'라고도 하는데, 이를 만드는 방법은 다음과 같다. 먼저 통밀을 거칠게 갈거나 밀을 빻아 체로 쳐서 남은 찌꺼기인 밀기울에 물을 축축하게 뿌린 다음, 헝겊 깐 그릇에 넣고 천을 덮어 발로 꼭꼭 디딘다. 이때 쑥을 그릇 밑에 깔면 잡균이 생기지 않는다고 한다. 그렇다! 쑥이나 솔잎은 알 아줘야 하니, 송편의 솔잎도 천연 방부제다.

그냥 찐 송편과 솔잎을 깔고 익힌 것 중 어느 것이 더 오래 썩지 않는지는 보나 마나고. 조상들의 지혜로움에 정녕 놀라지 않을 수 없다. 송편이 묻은 속담에 "송편으로 목을 따 죽지"가 있다. 칼도 아닌 송편으로 목을 딸 노릇이라는 뜻으로, 어처구니없는 일로 몹시 억울하고 원통함을 이르는 말인데 "거미줄에 목을 맨다"와 비슷한 말이다. 또 "송편을 뒤집어 팥떡이라고 하라"는 북한 속담으로, 이치에 맞지 않게 억지를 쓰는 경우를 비꼬아 이르는 말이다.

술누룩 이야기로 돌아와, 그렇게 고루고루 치대고 다진 밀기울 덩어리를 그늘에서 띄우는데(숙성과 발효), 한 보름 후면 누룩곰팡이가 들끓면서 구수한 냄새를 풍긴다. 그 발효된 덩어리를 바싹 말려 가루를 낸 것이 누룩으로, 지에밥(술밥)과 섞어 술을 만드는데 누룩곰팡이에는 녹말을 엿당(맥아당)으로, 엿당을 포도당으로 가수분해하는 효소가 들어 있다. 금세 효모가 바통을 이어받아 포도당이 이산화탄소 거품을 잠뿍 뿜으며 보각보각 괴게 하니 이내 농익은 술(에탄올)로 바꾸니, 바로 알코올 발효다. 한 톨의 곡식에 만인의 노고가 담겼다고 하듯, 한 방울의 술에는 누룩곰팡이와 뜸팡이(효모균)의 고된 품이 들었네.

누룩곰팡이는 자낭균류 누룩곰팡이속*Aspergillus*의 곰팡이를 뜻하며, 누룩곰팡이속은 50여 종이 알려져 있다. 흰색, 검은색, 갈색 등 다양한 색을 띠고, 무성생식을 하며, 발육에 알맞은 온도는 섭씨 37도이다. 아밀라아제, 말타아제, 인베르타아제, 셀룰라아제 등과 일부 단백질 분해효소도 들어 있다.

밀은 소맥小麥이라고도 부르며, 외떡잎(단자엽)식물 벼과(화본과禾本科) 식물로, 원산지는 아프가니스탄으로 추정된다. 밀은 보리처럼 매끈한 줄기가 빳빳하게 곧추서며 키가 1미터에 달하고, 줄기에는 스무 개 안팎의 길쯤길쯤한 마디가 있으며, 이삭이 마디마디에 어긋나게 달린다.

밀의 주성분은 녹말이며, 그다음으로 단백질이 구성 성분의 10~15퍼센트를 차지하여 쌀이나 보리보다 훨씬 풍부하다. 밀, 보리, 쌀은 열량이 비슷하지만 단백질은 밀이 제일 많고, 지방은 보리가 많으며, 탄수화물은 쌀이 제일 많다. 밀의 단백질은 찰기 높은 글루텐 단백질이 주를 이루는데, 글루텐은 보리, 밀 등의 곡류에 있는 불용성 단백질이다. 밀가루를 반죽하면 차지고 쫄깃해지는 것이 바로 이 성분 때문이고 밀가루 음식의 독특한 식감도 글루텐에 있다.

다시 말해, 밀가루의 종류는 그 안에 포함되어 있는 글루텐 단백질의 양에 따라 나뉘는데, 주로 빵 제조에 쓰이는 강력분은 단백질의 양이 13퍼센트 이상이고, 다목적으로 쓰이는 중력분은 10~13퍼센트, 과자 제조에 쓰이는 박력분은 10퍼센트 이하다. 효모 발효로 생기는 이산화탄소가 새나가지 않고 빵이 탱글탱글 부푸는 것도 바로 글루텐의 찰기 때문이다.

그런데 밀가루나 보리, 귀리(호밀)로 만든 음식을 먹으면 셀리악celiac병에 걸리는 사람이 있다. 글루텐 단백질이 일으키는 대표적 질환인데, 면역계가 글루텐을 공격하여(일종의 알레르기 질환) 소화 불량을 일으키거나 영양 섭취를 방해하므로 복부 팽만, 설사, 두통을 유발한다. 이런 증세가 비슷하긴 하지만 심하지는 않은, 글루텐에 민감한 사람들이 있으니 미국의 경우 전체 인구의 약 6퍼센트나 된다고 한다.

셀리악병은 인종에 따라 달라서, 백인에게서 많이 발생하고 동양인과 흑인에게는 극히 드물다. 그 까닭은 특정 유전자가 없는 탓이며, 서구인의 30~40퍼센트는 이 유전자를 가지고 있지만 한국, 일본, 중국인에게는 거의 찾아볼 수 없다. 그런데도 글루텐이 들지 않은 빵이나 밀가루 음식을 찾는다고 떠들썩거리며 호들갑을 떠니 꼴사납거니와 기가 찰 노릇이다. 한마디로 한심하고, 말 그대로 아는 게 병이다.

귀먹은 중 마 캐듯

　"귀먹은 중 마 캐듯"이란 남이 무슨 말을 하거나 말거나 알 아듣지 못한 체하고 저 하던 일만 그대로 함을 비유적으로 이 르는 말로, 북한 속담 "귀머거리 솔뿌리 캐듯"도 같은 뜻이다. "남의 것을 마 베어 먹듯 한다"는 남의 재물을 거리낌 없이 마구 훔치거나 빼앗아감을 비유적으로 이르는 말이다. "중 마 캐 듯"이 의미하듯, 약이 되기도 하는 마는 주로 산지에서 나기에 산약山藥이란 말이 붙었을 것이다.

　참마는 원산지가 중국이며, 외떡잎식물로 백합목 마과에 들고, 다년생 덩굴식물인 꽃식물(현화식물顯花植物)이다. 자연 상태에서는 숲이나 숲 가장자리, 강가나 길가의 끝자리에 많이 나고, 한국, 일본, 중국에서 야생으로 자란다.

마의 질긴 원줄기는 다른 물체를 오른쪽으로 감아 오르며, 암수가 따로 있는 암수딴그루(자웅이주雌雄異株) 식물이어서 씨앗을 받고 싶으면 가까이 함께 심어줘야 한다. 꽃은 암꽃, 수꽃이 따로 피는 단성화이고, 6~7월에 아주 작은 흰색 꽃이 핀다. 수꽃은 곧게 서며, 암꽃은 밑으로 처지고, 잎겨드랑이(엽액葉腋)에 수상꽃차례로 뭉쳐 난다. 열매는 삭과로 10월에 익으며, 날개 세 개가 붙어 있어 바람에 멀리 날아가고, 그 속에는 둥근 날개가 달린 종자가 들어 있다.

잎은 외떡잎식물이라 나란히맥parallel veins이고, 홑잎(단엽單葉)으로 가장자리가 밋밋하며, 모양은 삼각형이거나 심장형이다. 잎자루와 잎맥이 더불어 자줏빛이 돌고, 나리 식물과 비슷하게 잎겨드랑이에 무성아無性芽인 살눈(주아珠芽)이 생기는데 종에 따라서 아주 크고, 역시 좋은 요리감이 된다. 그리고 식물체에 쓰디쓴 디오스게닌diosgenin이란 물질이 있어 벌레가 끼지 않는다.

다음은 일반적인 마의 특징이다. 마는 세계적으로 600종이 넘고 그중에서 식용 및 약용하는 것은 50여 종이며, 온대나 열대지방에 자생하지만 대부분이 열대지방에 많다. 무엇보다 마는 황갈색의 덩이뿌리를 식용하는데, 이 덩이뿌리는 다육질로 땅속 깊이 파고들며, 품종에 따라 길쭉한 것, 덩어리진 것, 납작한 손바닥 모양인 것 등 여러 가지다. 국내에 재배되는 마는 모양에 따라 크게 장마, 단마, 둥근마 등으로 나뉘는데 아직 분류 체계가 제대로 되지 않았으나, 최근에 모두 여섯 분류군으로 정리된 상태라 한다. 경북 안동의 마 재배 역사는 100년이 넘는다고 하며, 지역 특산물로 국내 마의 70퍼센트를 생산한다고 한다.

마는 씨앗을 맺지만 번식은 대부분 덩이뿌리로 하니, 뿌리에 숨어 있다시피 하여 잠아潛芽라고 부르는 눈을 감자처럼 적당한 크기로 잘라 땅에 묻으면 싹이 돋고, 또 살눈을 이용하여 재배하기도 한다. 그런데 부채마, 단풍마 등 자생하는 일부는 살눈이 생기지 않는다.

마를 산우山芋, 서여薯蕷라고도 하고, 삼국시대부터 식용하였는데 대대로 땟거리가 궁해 으레 구황식품으로 이용되었다고 한다. 또 마떡, 산우수제비, 산약죽뿐만 아니라 껍질을 벗긴 마의 뿌리를 짓이겨서 체에 걸러 말린 다음 꿀에 반죽해 먹는 산약다식을 만들기도 했다. 마찬가지로 껍질 벗긴 마를 백반을 탄 물에 담가 하룻밤 재었다가 헹구어서 독을 우려내고, 그늘이나 불에 말린 후 짓찧고 빻은 가루를 꿀물에 풀처럼 쑨 산양응이 등을 해 먹기도 했다 한다.

마 껍질에는 살갗을 따갑게 하는 옥살산oxalic acid 결정이 있어 이를 삭히기 위해 식초에 담그고, 독성분이 있기에 프라이팬에

구워 먹기도 한다. 또 마를 강판에 갈아놓으면 티록신thyroxine
의 작용에 의해 갈색으로 변하는데, 껍질을 벗겨 식초에 담가
놓으면 색이 변하는 것을 방지할 수 있다. 우리도 그렇지만 특
히 일본 사람들이 마를 좋아해서 메밀국수를 비롯하여 일본 된
장국에도 넣어 먹는다. 아프리카에서는 마 가루를 음식에 흩뿌
려 먹기도 한다. 미국에서는 마를 얌yam이라 부르는데, 구워 먹
으면 고구마 맛이 나기에 살이 노란 고구마를 얌이라 부르기도
한다. 마에는 탄수화물인 만난mannan이 많이 들어 있다.

마를 자르면 끈적끈적하고 매끈거리는 점성의 뮤신mucin이
나오니, 뮤신은 사람의 눈물, 콧물, 침, 가래는 물론이고 위나
장의 점막에서도 분비된다. 연근(蓮根, 연경蓮莖이라 해야 옳다)이나
달팽이, 뱀장어, 미꾸라지들도 미끈미끈한 뮤신을 분비한다.
다시 말해 뮤신은 인체에서 분비되는 점액으로, 위벽에서 분비
되는 것은 위벽을 보호하고, 대장의 것은 장내에서 윤활제 역
할을 하여 장에 붙어 있는 여러 이물질을 잘 떨어지게 한다.

덩이뿌리를 한방에서는 강장과 강정제로 쓰고, 또 지사 작
용과 소화를 촉진하는 데 쓰며, 가래를 묽게 하는 약으로도 이
용하는데, 마에서 발견되는 스테로이드성 사포닌은 스테로이
드 호르몬으로 바뀌기에 현대 의학에서는 마를 스테로이드 약
이나 피임제로 쓴다. 또한 설사, 장염, 야뇨증, 천식, 관절염에

도 쓴다 하며, 근래에는 항암물질인 유데스몰eudesmol과 페오놀 paeonol이 마에 들어 있다는 것을 밝혔다 한다.

사사로운 이야기이지만, 필자는 여태 마나 연근을 제대로 먹어보지 못했는데 요새 와 밥상에 자주 오르는 편이다. 이는 집사람이 TV에서 이들의 약효를 보고 들은 덕이다. 무슨 말인고 하니, 우리 집사람이 이렇게 미끈미끈한 진액이 나는 음식을 잘 먹지 않는 탓에 그랬으며, 물렁물렁한 두부나 소시지 따위도 졸라야 얻어먹었다.

기실 음식은 모두 주부의 입맛에 맞거나 먹고 싶은 대로 요리한 것으로, 남편이나 자식들은 그냥 주는 대로 얻어먹을 뿐이다. 그리고 바닷가에 자란 사람은 해물 요리를 잘하고, 산골 출신은 산의 것에 익숙하다. 요리도 환경의 산물인 것. 또 어려서 먹어보지 못한 것은 커서도 잘 먹지 못한다. 그래서 특히 주부가 될 여자아이들에겐 어릴 적부터 이것저것 골고루 먹여서 못먹는 것이 없도록 해줘야 한다. 그것이 최고로 중요한 밥상 교육이요, 그래야 손끝이 매워서 건강한 가정을 이룰 수 있는 것!

서양 말에 "당신이 먹는 것이 바로 당신이다You are what you eat"란 말이 있다. 음식은 그 사람의 모든 것이다. 당신을 보면 평소에 어떤 음식을 얼마나 소중하게 잘 챙겨 먹는지 알 수 있다! 마도 그런 음식 가운데 하나다.

종달새 깨 그루에 앉아
통천하를 보는 체한다

"종달새 깨 그루에 앉아 통천하(온 천하)를 보는 체한다"란 북한 속담으로 하찮은 자리에 올라선 자가 하늘 높은 줄 모르고 우쭐댐을 비유적으로 이르는 말이다. 들깨든 참깨든 깨가 제아무리 커도 사람 키를 넘지 못하니 그 꼭대기에 올라앉아 천하를 다 보긴 어려운 일이지. 제대를 앞둔 육군 병장이 "제가 이 세상에서 제일 높은 줄 안다"는 것도 맥이 같다 하겠다.

언뜻 보면 참새를 많이 닮은 종달새는 참새목 종다리과의 소형 새로, 몸길이가 16~18센티미터로 참새보다 조금 크다. 등은 갈색 바탕에 검은색을 띤 세로 얼룩무늬가 많이 있고, 아랫면은 잿빛 바탕에 갈색의 세로무늬가 있다. 녀석은 뒷머리에 있는 짧고 뭉툭한 도가머리(관모)를 세웠다 눕혔다 하는데, 도

가머리란 새 머리에 더부룩하게 난 뿔 모양의 깃털 뭉치를 말하며 댕기깃(우관羽冠)이라고도 한다. 가까이서 보면 연한 황갈색의 눈썹선이 보이고, 꽁지는 길며 흰색 바깥꽁지깃이 뚜렷하다. 긴 발톱이 앞으로 세 개, 뒤로 하나가 난다.

겨울에는 떼를 짓다가 봄과 여름에는 암수가 함께 생활한다. 봄이 와 3~4월에 번식기가 되면 수컷들은 텃세권에서 총알처럼 수직으로 날아올라 50~100미터나 되는 높은 공중에서 몸을 멈추고 날갯짓만 하는 정지비행 상태로 지저귀는데, 밑에서 보면 작은 점으로 보일 정도다. 아지랑이 짙게 낀 봄날, 학교를 다녀오면서 하늘에 지천으로 떠 있는 놈들을 많이도 봤는데⋯⋯. 이는 암컷을 부르기 위해서라기보다는 텃세권을 차지하기 위해서이며, 참새 소리 비슷한 노래를 보통은 2~3분 계속하지만, 번식기에는 20분이나 더 길게 한다. 수컷은 날개가 암컷보다 더 넓은데, 이는 공중에서 정지비행을 하는 데 유리하게 진화한 것이다.

하지만 종달새는 주로 땅에 머물면서 식물성 먹이로 벼, 보리 등의 벼과와 동방사니 등 사초과 식물의 풀씨를 먹고, 딱정벌레, 벌, 나비 유충, 매미, 파리, 메뚜기 따위의 동물성 먹이도 잡아먹는다. 알다시피 종달새도 단백질이 많은 벌레를 잡아새끼에게 먹인다. 북위 30도 이북의 유럽과 아시아, 북아프리카에 걸쳐 분포하기에 유라시안 종달새라 부른다. 불행히도 농약 등의 피해로 온 밭에 널렸던 종달새가 점차 줄어들어 요샌 찾아보기 어려워졌으니 보호조로 전락하였다.

녀석은 땅바닥의 풀숲이나 우거진 고사리 밭에 집을 짓는데 사람 눈에 잘 띄지 않는다. 또 강가의 풀밭이나 보리밭, 밀밭 등지에도 흙을 오목하게 파서 둥지를 틀고, 6월에 갈색 점이 난 황백색 알을 3~6개 낳는다. 알은 품은 지 11~12일이 지나면 부화하고, 새끼는 부화한 뒤 9~10일이면 둥지를 떠난다. 어미 종달새는 환경조건이 좋으면 1년에 두세 번 알을 낳기도 한다.

동창東窓이 볼갓ᄂ냐 노고지리 우지진다
쇼 칠 아희ᄂ 아직 아니 니러ᄂ냐
재 너머 ᄉ래 긴 밧츨 언제 갈려 ᄒᄂ니

필자가 고등학교 때 달달 외웠던 터라 여태껏 고스란히 생생하다. 쉽게 풀이하면 이렇다. "동쪽의 창이 밝아 왔느냐 종달새가 높이 떠 울며 지저귀는구나/ 소를 먹일 아이는 아직도 일어나지 않았느냐?/ 고개 너머 긴 밭이랑을 언제 다 갈려고 늦잠을 자고 있는 것이냐?" 이 시조의 작자 남구만은 조선 후기 숙종 때의 문신이자 정치가이다. '종다리'라고도 하는 종달새의 옛말은 '노고지리'이며, '공중을 나는 참새'라는 뜻으로 운작雲雀이라고도 한다. 종달새는 유럽에도 서식하기에 하이든의 현악 4중주곡 제67번 D장조 「종달새」에서도 종다리를 만난다.

옛날부터 필자가 구독해왔던 과학잡지 〈사이언티픽 아메리칸Scientific American〉 2015년 2월호에 「우리 몸속의 시계The clocks within us」란 제목으로 실린 글이 있다. 체내의 여러 생체시계가 우리의 건강에 중요한 몫을 한다는 내용으로 취침과 기상 시간이 일정치 않으면 당뇨병, 과체중 말고도 여러 병에 걸린다는 것이오, 이 시계들의 원리를 활용하여 암 등의 병 치료에도 응용이 가능하다는 이야기다.

자고 깨는 하루의 생활 리듬은 세균에서부터 초파리, 사람까지 모든 살아 있는 생물에 해당된다. 예를 들어 단세포인 남조세균도 해가 뜨면 광합성을 하고, 해가 지면 멈추어 쓸데없는 에너지 소비를 막는다. 또 밤에 잠을 잠으로써 DNA 복제는 물론이고 자외선을 받아 상한 DNA를 수선한다.

다시 말해, 모든 생물은 24시간을 주기로 되풀이되는 생리적 리듬(하루 주기 리듬)을 가지고 있다. 예를 들어 우리 사람의 잠자고 일어나는 패턴은 일주기성 인자에 따라 세 가지로 나뉜다. 20퍼센트는 밤새 일하거나 공부하는 '올빼미형'이고, 10퍼센트는 아침에 일찍 일어나서 활동하는 '종달새형'이며, 나머지 70퍼센트는 '중간형'이라 한다. 그런데 종달새형은 아침 9시쯤에 뇌가 가장 활성화되며, 올빼미형은 저녁 9시가 넘어야 최고조에 달한다고 한다. 아무튼 이들의 총수면 길이는 다르지 않고, 평균보다 두 시간 빠르거나 두 시간 늦는 것은 정상이지만, 여기서 벗어나면 아침형 인간이나 저녁형 인간이 된다.

사람은 원래 주행성이 아닌가. 즉 옛날엔 해 지면 잠자고 해

뜨면 일어나 주기적으로 일하는 것이 일주기였으나 근세에 이르러 밤에도 일을 하게 되면서 수면의 중요성이 대두되었다. 뇌는 물론이고 모든 기관에 들어 있는 하루 주기의 생활 리듬을 조절하는 '생물시계 인자biological clock gene'가 여러 물질대사를 조절하는데, 리듬이 흐트러지면 '일주기 리듬 수면장해'를 일으킨다. 더 보태면 사람에서 주가 되는 시계는 뇌시계 인자에 들었고, 그것은 심장, 간, 이자, 콩팥, 지방조직 등이 가지고 있는 보조시계의 인자를 통솔하고 조절한다.

한 예로, 비행기 조종사나 승무원의 시차증時差症, jet lag은 물론이고 밤낮을 바꿔가면서 일하는 사람들이 많다. 이들은 바이오리듬이 깨지므로 충분치 못한 수면에 영양 결핍이나 운동 부족 등을 겪게 된다. 이는 노화나 암 발생에 영향을 미칠뿐더러 지방조직에 렙틴leptin호르몬이 만들어져 폭식을 하게 된다. 때문에 규칙적으로 자고 깨는 것, 정해진 시간에 식사하는 것 등이 건강에 얼마나 중요한지 모른다.

한강이 녹두죽이라도
쪽박이 없어 못 먹겠다

새야 새야 파랑새야

녹두밭에 앉지 마라

녹두꽃이 떨어지면

청포 장수 울고 간다

키가 작아서 '녹두장군'이라 불리며, 조선 말기 전라도에서 군사를 일으켰던 동학농민운동의 지도자 전봉준과 관련된 민요다. 결국은 전봉준이 패할 것이니 그를 따르지 말고 해산하라는 일종의 참요(讖謠, 시대적 상황이나 정치적 징후 따위를 암시하는 민요)로, 나도 어릴 적에 "새야 새야 파랑새야" 하면서 시도 때도 없이 따라 불렀지.

"오뉴월 녹두 깝대기 같다"란 햇볕에 바짝 말라 조금만 건드려도 꼬투리가 탁탁 짜개지면서 배배 꼬이는 녹두 깝대기 같다는 뜻으로, 매우 신경질적이어서 툭 대기만 하여도 발끈 쏘아대는 고약한 성미를 빗댄 말이다. 여기서 '깝대기'란 달걀이나 조개 따위의 겉을 싸는 단단한 것을 이르며, '껍데기'보다 작은 느낌을 준다.

실제로 녹두 깍지는 마르면 손을 댈 수가 없이 저절로 톡톡 터져버리기에 공기가 눅눅하여 꼬투리가 축축하게 젖은 아침나절에 녹두를 딴다. 또한 연두색의 꼬투리가 새까맣게 익어가는 대로 수시로 끊임없이 꼬투리를 따야 하니 손이 참 많이 간다. 필자도 추석 무렵 시골에 가면 함께 녹두 열매를 따는데, 가지나 줄기가 칭칭 뒤엉켜 있어서 줄기를 제쳐가며 하나하나 익은 것을 가려 따느라 진땀을 뺀다.

"한강이 녹두죽이라도 쪽박이 없어 못 먹겠다"는 속담은 몹시 게으르고 무심한 사람을 놀림조로 이르는 말이고, 관용구로 "깝대기를 벗기다"란 입은 옷을 강제로 벗겨버리거나 가진 것을 모두 빼앗아버리는 것을 뜻한다. 또 "흑싸리 깝대기"란 아무 쓸모도 없는 하찮은 것을 빗대어 이르는 말이며, "녹쌀 내다"란 녹두, 메밀, 수수 따위를 갈아서 쌀알처럼 되게 한다는 말이다.

녹두*Vigna radiata*는 장미목 콩과의 한해살이풀로 종자가 녹색인 것이 전체의 90퍼센트를 차지하기에 붙은 이름이지만 노란색, 녹갈색, 흑갈색인 품종도 있다. 안두安豆, 길두吉豆라고도 하며, 줄기는 실오라기처럼 깡마르고, 잎은 세 장의 달걀형 내지는 심장형의 소엽으로 된 겹잎이다. 참고로 학명은 근래에 *Phaseolus radiatus*에서 *Vigna radiata*로 바뀌었다고 한다.

노란 꽃은 8월에 피며, 잎겨드랑이에 여러 송이씩 모여나지만 보통 서너 쌍만이 열매를 맺는다. 열매는 협과(莢果, 열매가 꼬투리로 맺힌다)로 어릴 때는 녹색이지만 익으면서 검어지고 까칠까칠한 털로 덮인다. 꼬투리의 길이는 5~6센티미터이고, 꼬투리 하나에 자잘한 녹두 10~15개가 오종종하게 들어 있다. 원산지는 인도로, 한국과 중국, 인도, 동남아시아 등 아시아 지역에서 주로 생산되고, 인도에서 가장 많이 재배하기에 세계 생산량의 절반을 차지한다.

녹두는 가뭄에는 강한 편이나 습기가 많으면 녹아버리며, 콩과 식물이라 척박한 토양에서도 잘 자라고, 한 번 심은 곳은 3~4년간 휴작하여 이어짓기(연작連作)를 피하는 것이 좋다 한다. 또 생육 기간이 길지 않으므로 조생종(早生種, 다른 것보다 일찍 성숙하는 품종)은 고랭지에서도 재배할 수 있다.

녹두는 탄수화물이 53퍼센트로 절반 이상이지만 단백질도

25퍼센트로 아주 많은 편이며, 식이섬유, 비타민 A, 비타민 C, 비타민 E, 엽산 외에 여러 무기질과 글리신, 라이신 등 필수아미노산이 풍부하여 영양가가 높고 소화가 썩 잘되는 식품이다. 하여 예부터 녹두로 청포淸泡, 빈대떡, 떡고물, 녹두차, 녹두죽, 녹두나물(숙주나물) 무침 등을 만들어 먹었는데 맛은 팥과 비슷하나 향미가 높다. 우리가 가장 즐겨 먹는 것이 녹두지짐인 빈대떡이고, 녹두 전분으로 만든 묵이 청포이며, 청포에 채소나 육류를 섞어 식초나 기름에 무친 것이 탕평채이고, 녹두 앙금(전분)에 치자 물을 섞어 쑨 묵이 황포묵이다.

그리고 녹두나물은 중국이나 베트남에서 즐겨 먹는다는데, 우리는 생 녹두나물을 끓는 물에 한소끔 데쳐 참기름, 마늘, 소금을 넣고 무쳐 먹는다. 녹두를 콩나물처럼 시루에 담아서 기르는데, 콩나물과 녹두나물 모두 발아하여 여린 나물로 자라면 주성분인 탄수화물과 단백질은 줄어들지만, 비타민 A는 2배, 비타민 B는 20배, 비타민 C는 40배 이상이나 증가한다. 영양소의 배합이 달라지니, 이것이 콩이나 녹두를 싹 틔워 먹는 목적이다.

특히 콩나물은 어느 나라에서도 볼 수 없는 우리나라 고유의 식품이다. 조상들의 그 좋은 지혜를 물려받은 우리다! 알다시피 콩나물이나 녹두나물의 머리(떡잎)가 노랗고 다리(줄기)가 하얀 것은 모두 두꺼운 헝겊으로 시루 위를 가려 빛을 받지 못하게 하기에 엽록체가 생기지 않은 탓이다. 그것들을 볕살에 두면 대번에 엽록체가 생겨난다. 이 나물들을 키울 때 물을 자주 뿌리고 고루 주면 뿌리가 없이 미끈하지만, 그렇지 않으면 줄기가 질기고 물을 찾느라 잔뿌리가 듬뿍 생긴다.

뭐니 뭐니 해도 녹두죽은 별미 음식으로 멋진 건강 음식이다. 아직도 시골에서는 병후의 회복기 음식으로 퇴원한 환자나 병자에게 녹두죽을 쑤어 먹인다. 녹두를 약이나 건강식으로 쓰려면 껍질째 먹는 것이 좋으니, 녹두의 해열, 해독 작용은 껍질에서 나오기 때문이다. 또 우리 시골에서는 팥죽은 귀신이 싫어하는 붉은빛이기에 조상이 음복하지 못한다고 하여 3년 탈상脫喪을 하지 아니한 집에서는 빈소에 팥죽 대신 녹두죽을 차렸다는 이야기가 있었다.

녹두를 싹 낸 것이 녹두나물인데 이것이 곧 숙주나물이다. 숙주나물이란 이름에는 깊은 내력이 있으니, 조선 전기의 명신名臣인 신숙주가 반역 행위를 고발한 탓에 사육신死六臣들이 단종의 복위를 꾀하다가 발각되어 세조에게 죽음을 당했다. '성삼문, 박팽년, 이개, 하위지, 유성원, 유응부' 하면서 여섯 충신을 초등학교 때 달달 외웠던 기억이 생생하도다.

그래서 백성들이 신숙주의 절개가 녹두나물처럼 잘 변한다고 그를 미워하여 '숙주나물'이 되었다는 설이 있다. 그리고 숙주나물로 만두소를 만들 때 짓이겨서 넣으니, 신숙주를 이 나물 짓이기듯이 하라는 뜻이 담겨 있다 한다. 민심은 천심이라 했던가. 숙주나물 대신 녹두나물이란 말을 쓸 수도 있으나 숙주나물이 널리 쓰이므로 숙주나물만 표준어로 삼는다고 한다.

앵두를 따다

천봉 작사, 한복남 작곡의 노래 「앵두나무 처녀」 1절이다.

앵두나무 우물가에 동네 처녀 바람났네

물동이 호미 자루 나도 몰래 내던지고

말만 들은 서울로 누굴 찾아서

이쁜이도 금순이도 단봇짐을 쌌다네

일제 강점에서 해방되고 현대화가 되어가던 당시 우리나라의 세태를 잘 말해주는 노래란다. 단봇짐을 싸서 상경한 '이쁜이와 금순이'는 서울 바람이 났으니, 유행가에는 언제나 시대상이 들어 있는 법이다. 아무튼 "앵두를 따다"란 속담은 속되게 '눈물을 뚝뚝 흘리며 울 때'를 의미한다. 그리고 "앵두 같은 입술"이란 예쁘고 빨간 입술을 뜻하는데, 입술은 건강을 상징하는지라 일부러 루즈rouge라고 부르는 입술연지를 바르기도 한다.

앵두나무*Prunus tomentosa*는 키 작은 열매나무로 예부터 집집이 뜰에 심어 가꾸어왔으며, 내 어릴 적에 우리 집 장독대 한 모퉁이에도 자리하고 있었기에 늘 함께했던 나무다. 새하얀 꽃이 이운 다음 다닥다닥, 대롱대롱 한가득 매달리는 새빨간 앵두도 많이 따 먹었지. 팔십 줄에 들어 세상사 온통 다 잊고 잃어버렸건만 이런 것은 빠져 나가지도 않고 뇌리에 팍 박혀 있구나!

앵두나무는 앵도나무라고도 하며, 장미과에 들고, 한국과 중국, 몽골 등 동아시아를 원산지로 치며, 코리안 체리Korean cherry, 난징 체리Nanking cherry, 만주 체리Manchu cherry 등으로 불린다. 낙엽관목으로 큰 것은 키가 3∼4미터에 달하고, 한자리에 여러 대의 줄기가 서며, 많은 가지를 친다. 나무껍질(수피樹皮)은 흑갈색으로 세차게 일어나고, 어린 가지에는 잔털이 깔려 있다. 다소 그늘진 곳에서도 잘 크는데 배수가 잘되는 비옥한 토양이 생육에 좋고, 한발(가뭄)이나 냉해冷害에 강하다. 번식은 씨 뿌리기나 꺾꽂이, 포기나누기(분근分根) 등으로 한다.

잎은 어긋나고, 길이 5∼7센티미터로 달걀을 거꾸로 세운 모양(도란형倒卵形)이며, 끝이 뾰족하고 가장자리에 톱니가 있다. 잎 표면이나 뒷면에 털이 빽빽이 나고, 잎자루의 길이는 2~4 밀리미터로 역시 털이 있다.

꽃은 흰빛 또는 연한 붉은빛으로 4월에 잎보다 먼저 피거나 같이 피고, 작은 꽃이 가지에 오글오글 떼 지어 가득히 핀다. 꽃의 지름은 1.5~2센티미터로 수술이 많으며, 암술은 짧게 한 개 있고, 씨방에 털이 빽빽하다. 원통형의 꽃받침은 다섯 갈래로 갈라지는데, 갈라진 조각은 타원형으로 자잘한 톱니와 털이 있다.

앵두 열매는 초여름의 과일로 핵과다. 6월에 새빨갛게 무르익고, 둥근 것이 지름 1센티미터 정도다. 흐무러지도록 푹 익은 번들번들한 열매는 날것으로 먹는데 그 맛이 새콤달콤하다. 사과산, 구연산(시트르산) 같은 유기산이 풍성하게 들어 있어 피로 회복과 식욕 증진에 좋고, 또 대표적인 붉은색 식품인 토마토, 수박, 자두 등에 많은 라이코펜(lycopene)과 안토시아닌 anthocyanin이 들어 있다.

한방에서는 앵두나무의 열매와 가지를 약재로 쓰는데, 열매는 이질과 설사에 효과가 있고, 불에 탄 가지의 재를 술에 타서 마시면 복통에 효과가 있다 한다. 또 잘 익은 열매를 소주에 담가서 두 달가량 두면 아름다운 빛깔의 앵두주가 된다. 열매는

젤리, 잼, 정과, 앵두편, 화채, 주스 등을 만들어 먹기도 하고 날로 먹기도 한다. 재래시장에 가면 바구니에 한가득 담아 팔고 있으니, 발걸음을 멈추고 물끄러미 내려다보며 옛날 생각에 빠지기도 한다.

　우리나라에서는 예부터 정원이나 집 주위에 꽃도 보고 열매도 따 먹기 위해 관상용으로 심었던 재래 과수이고, 분재盆栽. pot -planting나무로도 많이 썼다. 분재란 화분에 키 작은 나무를 심어 죽지 않을 정도로 물과 거름을 주면서 모양 나게 하는

것으로, 우거진 숲이나 고산의 절벽을 연상시키는 노거목老巨木
의 특징과 정취를 축소시켜 가지 수형樹形을 만들면서 가꾼 것
이다. 대부분 성장 속도가 느린 나무를 고르니 소나무, 단풍나
무, 모과나무, 향나무, 감나무 등이다. 그러나 나무를 너무 못
살게 괴롭힌다는 점에서 필자는 분재가 싫다. 자연은 자연스럽
게 두는 것이 옳다. 굵기다시피 하면서 실오라기를 통해 물을
주고, 철사 줄로 창창 비틀어 돌려 매고…….

앵두 이야기 끝에 '산山앵두나무*Vaccinium hirtum var. koreanum*(산이스
랏, 이스라지)' 이야기를 뺄 수가 없다. 두 식물은 같은 장미과이지
만 학명이 다르며, 이름만큼 유전적 상관관계는 가깝지 않다.
여름날 아침에 동무들과 함께 뒷산 비탈에 망을 쳐놓고는 아침
이슬에 바짓가랑이 젖는 줄도 모르고 사방을 기웃거리며 산앵
두를 찾아 나선다. 반 그늘진 숲속이나 바위 언저리에 자생하
는 것을 이미 나는 알고 앵두를 닮은 산앵두를 한 움큼 따서 호
주머니에 집어넣으니, 몸을 못 가누시는 할머니에게 드리려는
심사다. 할머니는 내가 따다 드린 산앵두를 오물오물 맛있게도
드셨지.

산앵두는 앵두처럼 장미과의 낙엽관목이며, 열매가 엇비슷
하여 산앵두나무란 이름이 붙었다. 한국과 중국 북동부에만 자
생하며, 아종소명亞種小名인 *koreanum*은 한국을 뜻하니 아주 가

까이 느껴지는 나무다. 앵두를 코리안 체리라 하는 것도 매한
가지로, 한마디로 이 둘은 우리나라가 좋아 우리 가까이에 사
는 나무들이다! 키는 약 1미터이고, 달걀형의 잎은 어긋나며,
잎 뒷면의 맥 위에 잔털이 나고, 가장자리에 잔 톱니가 겹으로
난다. 잎은 어릴 때는 조금 노랗거나 붉은빛이 돌지만 가을이
면 자주색으로 물든다.

　꽃은 양성화로 5월에 잎보다 먼저 피거나 같이 피고, 흰색
또는 연한 붉은색이며, 2~4송이씩 모여 핀다. 암술은 한 개이
고 수술은 다섯 개이며, 꽃부리(화관花冠, 꽃잎 전체를 이르는 말)는 끝
이 다섯 갈래로 얕게 갈라진다. 열매는 앵두처럼 둥근 모양의
핵과로 7~8월에 붉게 익는다. 종자 안에 들어 있는 알맹이(핵)
를 약용하고, 과육은 좀 떫지만 먹는다. "떫은 배도 씹어볼 만
하다" 하고, "개살구도 맛 들일 탓"이라고 자주 먹다 보면 먹을
만하다. 어릴 때 먹은 음식이 평생 간다고, 최근에 시골에 가서
따 먹어봤는데 옛날 그 맛이 살아나더라. 배곯던 어린 시절엔
말할 것도 없이 꿀맛이었지.

개 발에 땀나다

땀에 얽힌 관용어나 속담이 많다. 몹시 힘들거나 어려운 고비를 겪느라 크게 혼이 난 것을 "땀 빼다"라고 하고, "기름땀 짜다"란 심하게 착취함을, "기름땀을 흘리다"란 힘겨움을 무릅쓰고 갖은 애를 씀을 뜻한다. 땀을 매우 많이 흘리면 "땀으로 미역을 감다"라 하고, 잠시 휴식하는 것을 "땀을 들이다", 아슬아슬하여 마음이 조마조마하면 "손에 땀을 쥐다"라고 한다. 그 밖에도 해내기 어려운 일을 이루기 위해 부지런히 움직이는 것을 "개 발에 땀나다"고 하며, 건강한 사람이라도 아플 때가 있음을 "목석도 땀날 때 있다"고 한다. 땀도 못 내고 죽을 놈이라는 뜻으로 "염병에 땀을 못 낼 놈"이라 욕하기도 하고, 도무지 이치에 닿지 않는 말이니 하지도 말라는 뜻에서 "찬물 먹고 냉돌방에서 땀 낸다"고도 한다. 또 "돈 한푼을 쥐면 손에서 땀이 난다"란 수전노처럼 돈밖에 모름을 뜻하며, "물 묻은 치마에 땀 묻는 걸 꺼리랴"는 이왕 크게 잘못된 처지인데 소소하게 잘못된 것을 꺼릴 필요가 없음을 뜻한다.

손바닥까지 축축하게 젖는 다한증은 과체중인 사람들에게 흔하고, 땀이 적은 저한증은 마른 사람들에게 많으며, 땀이 전혀 나오지 않거나 나와도 극히 적게 나오는 무한증이란 것도 있다. 그야말로 땀도 땀 나름이다. 몸이 쇠약하여 덥지 않아도 병적으로 흘리거나 몹시 긴장하거나 놀랐을 때 흘리는 '식은땀(냉한冷汗)', 대단히 긴장할 때 흘리는 '마른땀(진땀)', 겨드랑이에서 흐르는 '곁땀', 뭔가를 이루기 위해 이 악물고 애쓰는 '피땀', 일부러 빼는 '비지땀' 등등 가지가지다. 오늘 흘리지 않은 땀은 내일이면 피눈물 된다고 했던가. 옳거니, 모름지기 오늘 걷지 않으면 내일은 뛰어야 하는 법.

땀분비 중추는 뇌의 시상하부로, 더운 날이나 운동으로 인해 근육이 체온보다 높은 섭씨 43~46도로 데워지면 땀이 나기 시작한다. 땀샘(한선汗腺)에서 비적비적 비어져 나온 땀이 기체로 변하면서 체열을 앗아가기에 금세 체온을 정상(섭씨 36.5도)으로 내린다. 그리고 몸이 데워져 땀이 솟으면 '온열성 발한'이라 하고, 정신적으로 긴장하여 땀이 나면 '정신성 발한'이라 하는데,

이렇게 감정의 기복에 따라 손바닥, 겨드랑이, 발바닥에만 땀이 나니, 이때 전기저항이 감소하는 것을 보고 가늠하는 것이 바로 거짓말 탐지기다.

땀은 99퍼센트가 물이지만 소량의 염분과 시큼한 젖산, 질소대사 산물인 요소urea 따위의 노폐물 말고도 나트륨, 칼륨, 칼슘, 마그네슘 등이 녹아 있으며, 냄새나는 메틸페놀 methylphenol도 들었다. 그리고 소량의 지방산, 구연산, 아스코르브산(비타민 C), 요산도 들어 있다.

하루에 흘리는 땀은 기온이나 활동량에 따라 100~8000밀리리터로 각각 다르지만 심한 경우에는 한 시간에 3리터를 쏟고 (땀의 50퍼센트는 이마에서 난다), 같은 조건에서는 남자가 턱없이 물러 터져서 여자보다 일찍 땀이 나고 많이 흘린다. 참고로 땀은 땀샘 주변의 호르몬과 자율신경(교감신경)의 영향을 받아 땀샘에 고여 있던 것이 빠져나온 것이다.

땀샘은 포유류에서만 볼 수 있는 것으로, 낙타, 소, 곰도 땀샘이 있기에 땀을 흘려 체온을 조절한다. 그러나 개, 고양이, 돼지 따위는 땀샘이 거의 없어 덥거나 흥분하면 혀를 내밀며 헐떡거림(호흡)으로 체온을 조절한다. 땀샘은 피부의 진피真皮에 자리 잡고 있으며, 온몸에 200~400만 개가 닥지닥지 난다. 땀샘의 주위를 실 꾸러미처럼 똘똘 감싸고 있는 모세혈관은 혈액으로부터 노폐물과 물을 걸러 땀샘에 보내고, 땀은 꾸불꾸불한 하나의 긴 땀관을 타고 땀구멍으로 나간다.

땀샘에는 에크린eccrine샘과 아포크린apocrine샘이 있다. 에크린샘은 일부 영장류와 사람에게만 있고, 전신에 빽빽하게 나지만 손, 발바닥과 두피에 유별나게 많다(250개/cm²). 물이나 전해질을 배설하고, 몸을 산성(pH 4~6.8)으로 유지하게 하여 살갗에 늘 살고 있는 유익한 상재균을 보호한다. 에크린샘의 땀은 98~99퍼센트가 물이어서 맑고 냄새가 없다.

그런가 하면 아포크린샘의 땀은 탁한 기름기에 끈적거리고, 단백질, 탄수화물, 지질lipid, 스테로이드가 들었으며, 산도(pH값)는 6~7.5이다. 겨드랑이, 젖꼭지, 배꼽, 외음부, 항문 주위에 분포하는데 가장 많은 곳은 겨드랑이다. 이것도 원래는 냄새가 없지만 세균이 땀 속의 유기물을 분해하면서 냄새를 낸다. 아포크린샘과 지방샘은 모공에 열려 있어 피부나 모발을 반들반들 축축하게 보호하는 피지도 분비한다.

발생학적으로 보아 아포크린샘은 하급 땀샘이다. 하여 사람에 따라 분비물에 세균이 들끓어 겨드랑이에서 고약한 냄새가 날 수 있으니 이것이 액취증腋臭症이다. 그리고 날씨가 더울 때 피부에 붉은색의 종기(발진)나 물집이 톡 비어져 나오는데, 땀관이 막혀서 땀이 술술 나가지 못하고 쌓여 염증이 생기는 병이 땀띠다.

한편, 이 땀 냄새가 넌지시 페로몬 역할을 하여 이성 간에는 서로 끌리게 한다. 또한 기숙사의 여학생들이나 늘 같이 붙어 다니는 절친한 친구 또는 직장 동료들이 거의 한날한시에 일제히 배란하는 동조同調 현상을 보이니, 이를 '매클린톡 효과 McClintock effect'라 한다. 결국 사람도 화학물질로 일부 소통하는 것이 밝혀진 것. 사람 몸 냄새는 120여 가지의 복합물질로, 주로 에크린땀샘, 아포크린땀샘, 모낭毛囊에서 난다. 다시 말해, 사람 체취 또한 일종의 페로몬으로 눈을 가린 산모가 냄새만 맡고도 자기 아이를 골라낸다.

사람은 털이 없어진 대신 여느 동물과 비교할 수 없을 만큼 많은 땀샘이 발달하여 엄청난 냉각 효과를 내기에 오래오래 끈질기게 사냥감을 쫓을 수 있어 생존에 유리하단다. 보라, 지구상에서 마라톤을 하는 동물은 사람뿐이 아닌가. 제아무리 순발력 좋은 범이나 사자도 먹잇감 따라 냅다 안간힘을 다해 달리다가 곧바로 된통 열 받아 슬며시 멈추지 않던가.

땀도 한창때 난다. 아니나 다를까, 필자도 늙정이가 되면서 발바닥에 땀이 말라 떨어지거나 넘어져 다치기 일쑤이고, 손가락에도 땀이 안 나서 침을 퉤퉤 받아가면서 책장을 넘기는 판이다. 암튼 "No sweat, no sweet"라, 땀 없인 달콤함도 없다.

밑구멍으로 호박씨 까다

"똥구멍이 찢어지게 가난하다"는 "가랑이 찢어지다"와 함께 몹시 가난한 살림살이를, "똥구멍 찔린 소 모양"이란 참지 못하여 어쩔 줄 몰라 하며 쩔쩔매는 모양을, "원숭이 똥구멍같이 말갛다"란 취할 것이 하나도 없거나 몹시 보잘것없음을, "시기는 산 개미 똥구멍이다"란 음식이 몹시 시거나 사람의 행동이 몹시 눈에 거슬림을, "미련한 놈 똥구멍에 불 송곳이 안 들어간다"란 미련스러운 사람이 너무 고집이 세고 무뚝뚝함을 놓고 빗대는 말이다.

그리고 똥구멍(항문)을 '밑' 또는 '밑구멍'이라 하니, "밑이 저리다"란 잘못한 일 때문에 걱정스러워 안절부절못하거나 마음이 편치 않음을, 또 "제 밑 핥는 개"란 자기가 한 짓이 더럽고

추잡한 줄 모르는 사람을, "밑이 더럽다"란 행실이 바르지 못하거나 깨끗하지 못함을 뜻한다. "침 뱉고 밑 씻겠다" 하면 정신이 흐려져 앞뒤가 맞지 아니한 엉뚱한 행동을 함을, "밑구멍으로 호박씨 깐다"란 "똥구멍으로 호박씨 깐다"와 같은 뜻으로, 겉으로는 점잖고 의젓하나 남이 보지 않는 곳에서는 엉뚱한 짓을 함을, "밑구멍이 웃는다"고 하면 매우 우스꽝스러운 경우를 말한다.

앞서 나온 4권에서 항문에 대해 다루었지만 부족한 점을 여기에 더해본다. 항문은 대장의 끝자리인 직장直腸과 이어진 소화기관의 마지막 부위를 가리키며, 항문을 뜻하는 영어 '에이너스anus'는 라틴어로 '고리'란 뜻이다. 항문은 피부색이 거무튀튀하고 둘레에 털이 나며, 대변이 나가는 구멍이다. 두 개의 괄약근(조임근)으로 묶여 있으며, 속항문 괄약근과 겉항문 괄약근에 의해 보통 때는 꽉 오므라져 있다가 배변 때만 열린다. 그리고 속괄약근은 우리 마음(의식)대로 할 수 없는 자율신경의 지배를 받기에 불수의적不隨意的으로 조절되지만, 겉괄약근은 체성신경(몸신경)의 지배를 받는 탓에 수의적隨意的으로 조절된다.

독자들도 이런 요상한 일을 경험했을 것이다. 대소변이 마려워도 꾹 참고 집까지 무사히 당도했는데, 화장실 앞에 도착하여 이제 일을 치를 수 있겠다고 여기는 순간 돌발적으로 그만

쏟아버리는 실례 말이다. 아무리 힘을 박박 주어 수의적으로 괄약근을 눌러 참으려 해도 워낙 불수의적인 힘이 세게 작용하기 때문에 창피한 일이 벌어지고 만다. 그때 만일 다른 위급하거나 신경 써야 할 일이 있었다면 아마도 더 참을 수 있었을는지 모른다.

여기서 몸에 있는 여러 괄약근을 살펴보자. 고리 모양의 괄약근括約筋은 근육을 수축, 이완하여 여러 기관의 통로를 여닫이하며, 무엇이든 거꾸로 흐르는 것을 막고, 우리 몸에 50가지가 넘게 있다. 대표적인 것으로 홍채, 눈과 입 둘레, 식도 입구, 식도 하부, 분문(噴門, 위 입구), 유문(幽門, 위 끝부분), 소장과 대장 사이, 요도 등은 물론이고 깊은 잠이 든 한밤이면 전체의 반이나 닫아버리는 실핏줄(모세혈관) 괄약근도 있다.

홍채 괄약근은 동공을 수축, 이완시키고, 눈 둘레의 괄약근은 눈을 감고 뜨게 하며, 입 주변의 괄약근은 입을 닫고 오므리게 한다. 음식을 삼키면 상부식도 괄약근이 열려 음식물이 식도로 들게 하고, 하부식도 괄약근이나 위 분문은 식도와 위 사이에 있어서 위산이나 위의 내용물이 식도로 역류하는 것을 틀어막아준다. 유문 괄약근은 위와 십이지장의 경계에 있어 음식이 위에서 십이지장으로 넘어가게 해준다. 소장과 대장 사이의 괄약근은 대장에 든 것이 소장으로 거슬러 가는 것을 차단하고, 방광 괄약근이나 요도 괄약근은 방광으로부터 소변이 배출되는 것을 조절한다.

이제 다시 항문으로 돌아왔다. 3~4센티미터 되는 항문관anal canal의 위쪽 상피는 자율신경계의 지배를 받으므로 통증에 둔한 편이나 아래쪽은 체성신경계의 지배를 받아 통증에 훨씬 예민하다. 그리고 항문관 점막 밑의 항문선이 점액질을 분비하여 변이 연동운동(꿈틀운동)으로 슬슬 부드럽게 밀려 지나가도록 한다. 그런데 이 분비선의 염증 탓에 농양(膿瘍, 고름집)이나 치루가 생길 수 있으니, 치루란 항문선의 안쪽과 항문 바깥쪽 사이에 구멍이 생겨 밖으로 분비물이 흘러나오는 현상이다.

또한 항문관은 민무늬근과 결합조직이 잘 발달되어 있는데, 항문관의 점막 아래에 출혈이 있거나 결합조직이 돌출된 것을 치핵이라 한다. 다시 말해, 치핵에 걸리면 항문 주위 조직이 변성되어 살덩어리가 생겨 변을 볼 때마다 출혈이 있고, 그 덩어리가 점차 밑으로 내려오면서 빠지는 수가 있다. 내치핵(내치질)은 항문관 안에서 조직이 돌출하는 것으로 출혈이 생기고, 외치핵은 항문 밖으로 튀어나오는 것으로 기겁할 정도로 심한 통증을 느끼므로 둘 다 가차 없이 수술 치료를 해야 한다.

이것 말고도 항문에서 발생하는 질병에는 항문관의 일부가 찢어지는 치열이 있다. 또 탈항(脫肛, 직장탈출증)에는 항문 점막의 일부가 밀고 나오는 '부분탈출증'과 직장이 내밀려 나오는 '완전탈출증'이 있으며, 이때는 직장이 뒤집어져 나와 주름이 잡힌다. 부분탈출증보다 완전탈출증이 더 흔하고, 의외로 여자에게 더 잦게 나타난다. 이렇게 사람에게 유독 항문 병이 많은 것은 여느 네발동물과는 달리 직립보행을 하기에 내장이 항문을 들입다 누르기 때문이다.

조개 속의 게

"조개와 황새의 싸움"이란 말은 어부지리漁夫之利를 뜻하는 것으로, 황새는 조개의 살을 물고, 조개는 황새의 부리를 물어 서로 어쩌지 못하고 있을 때에 지나가는 어부가 조개와 황새를 다 얻어 가졌다는 고사에서 유래한다. 즉 두 사람이 이해관계로 서로 싸우는 사이에 엉뚱한 사람이 애쓰지 않고 가로챈 이익을 뜻한다. 또 "부전조개 이 맞듯"이란 부전조개의 두 짝이 빈틈없이 들어맞는 것과 같다는 뜻으로, 사물이 서로 꼭 들어맞거나 의가 좋은 모양을 비유적으로 이르는 말이다. 여기서 '부전조개'란 여자아이들 노리개의 하나로, 모시조개 따위의 껍데기 짝을 서로 맞추어서 온갖 빛의 헝겊으로 알록달록하게 바르고 끈을 달아 저고리 고름이나 치마허리에 차는 것이다.

"조개껍데기는 녹슬지 않는다"고 하는데, 이는 천성이 착하고 어진 사람은 다른 사람의 나쁜 버릇에 물들지 않음을 뜻한다. 실로 조개껍데기의 주성분은 진주나 분필과 같은 탄산칼슘이라 녹이 슬지 않는다. 또 "조개젓 단지에 괭이 발 드나들 듯"이란 매우 자주 드나드는 모양을, "남 켠 횃불에 조개 잡듯"이란 "남의 떡에 설 쇤다"고 하듯 남의 덕택으로 거저 이익을 보게 됨을, "물썬 때(썰물)는 나비잠 자다 물 들어야(밀물) 조개 잡듯"이란 때를 놓치고 뒤늦게 행동하는 게으른 사람의 어리석음을 빗대는 말이다. 여기서 '나비잠'이란 갓난아이가 두 팔을 머리 위로 벌리고 자는 잠을 이른다.

그럼 여기에 조개의 특성을 아주 간단히 적는다. 조개는 연체동물로 이매패二枚貝라 하는데 '껍데기가 둘인 조개'란 뜻이고, 발이 도끼를 닮았다 하여 부족류斧足類라 부르기도 한다. 다시 말하면 조개란 굴이나 가리비처럼 이매패강에 속하는 연체동물을 총칭하고, 조개를 대상으로 하는 학문이 패류학이다.

연체동물 중에서 유일하게 치설齒舌이 없고, 아가미로 여과 섭식을 하며, 껍데기 안의 앞뒤에는 껍데기를 꽉 다물게 하는 폐각근閉殼筋이, 겉에는 패각貝殼을 열게 하는 인대靭帶가 있다. 패각 위쪽의 약간 볼록한 부분은 패각에서 가장 먼저 생긴 부분으로 각정殼頂이라 한다.

조개 뒤쪽 끝에 길쭉하게 뻗은 관이 있는데 위의 것이 물이 나가는 출수관(출수공)이고, 아래 것이 물이 드는 입수관(입수공)이며, 아가미에서 호흡과 먹이거르기를 한다. 껍데기 안은 얇은 외투막外套膜이 덮으며, 외투막으로 둘러싸인 공간을 외투강外套腔이라 한다. 유생은 담륜자와 피면자 시기를 거친다. 조개 껍데기는 단추나 조각품으로도 만들며, 수집가들이 즐겨 모으기도 한다.

설명은 이 정도로 하고, "조개 속의 게"란 속담은 사람이 아주 연약하고 활동력이 없음을 이르는 말이다. 그런데 실제로 조개 속에는 완두콩이나 10센트(미국 동전)만 한 크기의 '속살이게'가 있으니, 완두콩만 하다 하여 '피 크랩pea crab'이라 한다.

독자들은 조갯국을 먹다가 아마도 희끄무레하고 손톱만 한 꼬마둥이 게를 심심찮게 보았을 터다! 그때마다 시답잖다거나 꺼림칙하다 하여 송두리째 버려버린다. 보잘 것없고 언짢아도 게는 게인데 말이지. 그것들은 굴, 대합, 동죽, 모시조개, 가리비, 키조개 등 조개 안에서 올망졸망 삶을 누리고 있다.

속살이게는 절지동물 십각목十脚目 속살이게과에 든다. 녀석은 조개 말고도 갯지렁이 집, 해삼 창자, 성게나 연잎성게sand dollar류의 몸속, 멍게 아가미에 서식한다. 그러나 가장 주된 숙주는 조개이고, 먹이와 호흡, 몸을 숨기는 일까지도 완전히 숙주에 의존한다.

뉴질랜드 특산종으로 우리도 가끔 먹는 초록홍합, 이 초록홍합에서 사는 뉴질랜드속살이게*Pinnotheres novaezelandiae*에 대해 알아본다. 암컷은 크기가 9.3~20.2밀리미터 되고, 껍질은 매우 부드러우며 꽤나 투명한 편이고, 등딱지는 둥그스름하다. 수컷

은 보다 작아서 3.2~11.8밀리미터이며, 등딱지가 키틴질의 외골격으로 된지라 단단하고 납작하다. 암컷은 어두컴컴한 조개 안에서 사는지라 눈이 아예 등딱지에 묻혀 보이지 않지만, 수컷의 눈은 커다란 것이 또렷하다.

뉴질랜드속살이게는 초록홍합의 70퍼센트에 들었고, 이것들이 든 홍합은 성장이 더디고 몸집이 작아 홍합 양식업을 하는 사람들은 홀대하며 달가워 않는다. 속살이게 유생은 플랑크톤을 먹지만 성체는 숙주의 먹이를 훔친다. 특히 조개는 아가미로 먹이를 여과해서 모으니, 속살이게가 모은 먹이를 도둑질할 때 자칫 잘못하여 아가미를 다치게 한다.

보통은 조개 한 마리에 속살이게 한 마리가 들어 있으며, 암컷은 평생을 정해진 조개 속에 머물며 밖으로 나가지 못하지만, 수컷은 몸이 딱딱하고 납작하여 뻔질나게 조개 입 틈새로 들락거린다. 물론 짝짓기도 조개 몸 안에서 하고, 알을 1년 내내 낳아 보통 게보다 많이 낳으며, 하도 많아서 수북한 것이 제 몸집에 맞먹을 정도다. 성숙한 암컷은 배딱지에 늘 알을 붙여 놓는데, 처음에 붉었던 알이 나중에는 누르스름해진다.

수정란은 약 한 달 후에 부화하며, 유생들은 조개 밖으로 나가 1밀리미터 이하의 조에아zoea, 메갈로파megalopa로 탈바꿈(변태變態)한다. 메갈로파 후기가 되면 정착할 조개를 찾기 시작하니, 조개에서 분비하는 화학물질을 알아차리고 비록 평생을 갇혀 살 곳이라도 거기가 숙명적인 제 삶터라 잽싸게 파고든다. 속살이게의 수명은 보통 1년이다.

속살이게와 조개는 과연 기생관계일까 아니면 공생관계일까? 가까이 보면 앞에서 본 뉴질랜드속살이게처럼 분명히 숙주인 초록홍합에 해를 끼치니 기생관계다. 그러나 속살이게는 숨쉬기와 섭식을 하는 조개 아가미에 시도 때도 없이 덕지덕지, 켜켜이 달라붙는 구질구질한 더께(점액)를 지체 없이 먹어 치우니 일면 공생으로, 속살이게는 군식구가 아니라는 것이다. 서로 도우며 살아가는 모습이 자연에 대한 경외심까지 느끼게 한다!

개가 머루 먹듯

"머루 먹은 속"이란 대강 짐작을 하고 있는 속마음을, "들녘 소경 머루 먹듯"이란 좋고 나쁜 것을 분별하지 못하고 이것저 것 아무것이나 취함을, "개가 머루 먹듯"이나 "개가 약과 먹은 것 같다"란 참맛도 모르면서 바삐 먹어 치우거나 내용이 틀리든 말든 일을 건성건성 날려서 함을 비유적으로 이르는 말이다.

살어리 살어리랏다 청산애 살어리랏다
멀위랑 ᄃ래랑 먹고 청산애 살어리랏다
얄리얄리얄랑셩 얄라리 얄라

전체 8연으로 되어 있는 고려가요 「청산별곡」의 제1연이다.

여기서 "멀위"는 머루의 옛말이고, "얄리얄리얄랑셩 얄라리 얄라"는 후렴구로 특별한 뜻이 없지만 'ㅇ'과 'ㄹ'을 반복해서 음악적 효과를 주고 있다. 아무튼 필자가 고등학교 다닐 적에 옛글(고문古文)시간에 달달 외웠던 그「청산별곡」이 아닌가. 왜 그리 옛글이 마음에 닿고 착착 감겼던지 나도 모르겠다. 운명적이었다고나 할까. 옛글 시험을 보면 항상 수를 받았으니까.

이「청산별곡」은 한 젊은이가 속세를 떠나 청산과 바닷가를 헤매면서 자신의 비애를 노래한 것으로,「가시리」「서경별곡」과 함께 가장 뛰어난 고려가요의 하나로 꼽힌다. 이 작품의 화자는 전란 중에 삶의 터전을 잃은 사람이라거나, 정치판에서 쫓겨난 지식인이거나, 실연의 슬픔을 잊고자 도피하려는 사람이라는 등 다양한 이견이 있지만, 어찌되었든 그는 삶의 터전을 상실한 유랑인임에는 틀림이 없다.

「청산별곡」하면 저절로「가시리」가 따라 튀어나온다.「가시리」는 작자와 연대 미상으로 일명「귀호곡歸乎曲」이라고도 하는데, 사랑하는 사람과의 이별을 안타까워하며 부른 노래로 애절한 심정이 곡진하다. 여기서 후렴구인 "위 증즐가 대평성대"는「청산별곡」의 "얄리얄리얄랑셩 얄라리 얄라"처럼 박자를 맞추기 위한 것으로 특별한 뜻이 없다 한다. 머루와는 직접 관련이 없는 불청객 같지만 필자의 마음에 농익은 글이라 여기에 남기고 싶어서……. 다음 글에서 우리말이 세월에 따라 많이 변해 왔음을 느낀다.

가시리 가시리잇고 나눈 ᄇ리고 가시리잇고 나눈 위 증즐가 대평성ᄃᆡ(가시겠습니까 가시겠습니까 나를 버리고 가시겠습니까)

날러는 엇디 살라ᄒ고 ᄇ리고 가시리잇고 나눈 위 증즐가 대평성ᄃᆡ(나더러는 어떻게 살라하고 버리고 가시렵니까)

또 「농가월령가」 8월령에도 머루가 등장한다.

안팎 마당 닦아 놓고 발채 망구 장만하소
면화 따는 다래끼에 수수 이삭 콩가지요
나무꾼 돌아올 제 머루 다래 산과로다

덧붙여 5만 원권 지폐에 신사임당의 「묵포도도墨葡萄圖」가 있는데 정확히 말하면 이는 포도가 아닐 수 있다. 열매가 맺히는 과정이 머루와 포도는 다르기 때문이다. 즉 포도는 송이 전체가 한꺼번에 무르익지만 머루는 송이송이의 열매들이 제각각 시차를 두고 익는다. 그런데 신사임당의 '먹물로 그린 포도 그림(「묵포도도」)'을 잘 살펴보면 익은 알과 익지 않은 열매들이 함께 달려 있으므로 머루라고 보는 것이 더 맞을 듯. 어쨌거나 이렇게 머루는 우리 영명英明하신 조상님네의 삶 속에 깊숙이 스며 있는 과일이라 하겠다.

머루*Vitis coignetiae*는 포도과의 덩굴(넝쿨)식물로 속명인 *Vitis*는 '포도'란 뜻이고, *coignetiae*는 일본에서 프랑스로 머루 씨를 가져간 'Coignet'란 사람의 이름에서 비롯됐다고 한다. 프랑스 포도가 진딧물에 피해를 많이 입은 탓에 머루를 대목으로 써서 진딧물을 예방하자는 시도였거나 교잡을 통한 품종개량에 목적이 있었던 것은 확실하다.

머루 줄기는 10미터 이상으로 길고 굵으며, 줄기가 변한 덩굴손이 나와 다른 식물이나 물체를 휘감고 오른다. 잎은 어긋나고, 넓은 난형이며 끝이 뾰족하다. 잎길이는 12~25센티미터쯤이고, 가장자리에 톱니가 있다. 봄과 여름에는 연둣빛이지만 가을에는 새빨갛거나 적황색으로 변한다. 꽃은 아주 작고, 암수딴그루로 5~6월에 피며, 황록색이고, 잎에 가려 잘보이지 않는다. 우리나라 각지의 산기슭이나 숲속에서 자라며, 동남아시아가 원산지로 극동러시아, 일본, 중국 북부에서도 자생한다.

어린순과 열매는 식용하는데, 열매에는 구연산 같은 유기산이 듬뿍 들어 있다. 열매는 장과(漿果. 살과 즙이 푸지고 씨앗이 있는 열매)로 지름이 8밀리미터쯤 되는 구형이고, 9~10월에 검은빛을 띤 자주색으로 익는다. 다소 신맛이 있으며, 다른 과실주처럼 머루를 잘 씻어 물기를 뺀 다음 꼭지를 따고 설탕을 섞어 소주를 부은 후 한 달여 띄우면(발효) 머루주가 된다.

머루를 산머루 또는 산포도라고도 하는데, 우리가 먹는 것은 왕머루, 새머루, 까마귀머루 등이고, 그중에서도 송이와 알이 제법 큼직한 것은 왕머루이며, 왕머루에 포도를 교배하여 얻은 개량머루는 알이 아주 굵어 얼핏 포도를 닮았다. 껍질은 얇고, 꽤 큰 씨앗이 두세 개가 들어 있으며, 열매즙은 짙은 보라색이다.

우리도 어릴 적에 뒷산에 나무하러 가서는 다래나무나 머루 덩굴에서 다래, 머루를 많이도 따 먹었다. 다래 덜 익은 것은 뜨듯한 아랫목에 뒀다가 몰랑몰랑해질 때 먹으면(키위도 아주 풋 것은 그렇게 먹는다) 달콤한 것이 참 맛있었지만 머루는 익은 것만 골라 제자리에서 따 먹었다. 머루 먹은 입가들이 푸르죽죽하여서 벗들끼리 그 모습에 배꼽을 잡곤 했지. 자기는 안 그런 줄 알고 말이지. 알고 보면 겨울이면 건포도처럼 바짝 말라붙어서 산새들의 먹이가 될 것을 미안하게도 우리가 몽땅 가로 낚아챈 것이다. 머루 말고도 곯은 우리 배를 달래준 것은 산새들이 씨를 물어다 퍼뜨린 돌배나 돌감, 개복숭아가 있었다.

눈 본 대구, 비 본 청어

　"눈 본 대구 비 본 청어"란 북한 속담으로, 눈이 내릴 때는 대구가 많이 잡히고 비가 올 때는 청어가 더 많이 잡힌다는 것을 이르는 말인데, 그렇게 즐겨 먹는 대구에 깃든 속담, 사자성어 등이 거의 없는 것이 무척 아쉽다. 그리고 청어에도 그런 빗댄 글이 달랑 하나가 있으니 "청어 굽는 데 된장 칠하듯"이다. 얼굴 화장을 할 때 살짝만 바르지 않고 더덕더덕 더께가 앉도록 지나치게 덧칠하여 몹시 보기 흉함을 빗댄 말이다.

　청어는 다른 곳에서 따로 다루기로 하고, 여기서는 대구를 이야기하겠다. 입이 크다는 대구_{Gadus macrocephalus}_는 대구과에 속하는 바닷물고기로, 한자어로는 대구어_大口魚_ 또는 구어_口魚_라고도 한다. 학명의 _Gadus_는 '대구'란 뜻이고, _macrocephalus_의

'macro'는 '크다', 'cephalus'는 '머리'란 뜻으로 '머리가 크다'는 의미다. 대구는 입 크고 머리통이 커다란 대두어大頭魚다.

대구는 심해어로 몸 빛깔은 회색에서 붉은색, 갈색, 거무스름한 색에 이르기까지 다양하고, 몸길이는 최대 1미터이며, 무게는 아주 큰 것은 9킬로그램까지 나간다. 눈알은 보통 크기이고, 위턱이 약간 길며, 등지느러미 세 개와 뒷지느러미 두 개가 있는 것이 큰 특징이다. 등지느러미와 옆구리에는 고르지 않은 반점이 많고 물결 모양의 무늬가 있다. 비늘은 작고 둥글고, 옆줄은 잘 보이지 않으며, 바닷고기 중에서는 드물게 아래턱에 메기 수염을 닮은 턱수염 하나가 딸랑 달렸다. 그것이 감각기능을 하는 것은 마땅한 일이다.

대구는 더욱이 최상위 포식자로 육식성이라 이빨이 아주 예리하고, 살은 비림이 거의 없다. 어패류, 두족류, 갑각류, 환형동물류(갯지렁이류) 등 무엇이든 닥치는 대로 잡아먹는 대식가여서 상어 새끼도 잡아먹으며, 자기 새끼까지도 먹는 동족살생cannibalism을 하는 매우 사나운 물고기다.

우리나라 동서해, 오호츠크 해, 베링 해, 일본 북부, 미국 서북부 등 태평양에 서식하기에 '태평양대구Pacific cod'라고 하며, 이것 말고도 '대서양대구', '그린란드대구'가 있다. 또 대표적인 냉수성 어종으로 수온 섭씨 5~12도, 수심 45~450미터의 한랭

112

한 깊은 바다에 어마어마하게 무리 지어 군서群棲한다. 그리고
우리나라 동해안산 대구는 겨울철에 산란하기 위해 남해안의
진해만까지 이동했다가 봄이 되면 북쪽 해역으로 올라가는 산
란회유産卵回游를 한다. 하여 11월 중순부터 다음해 3월 초순까
지 진해나 거제도 외포 해역에서 주로 잡힌다. 우리나라 연해
안에서 나는 대구는 동해의 것과 서해의 것으로 나눌 수 있는

데, 서해의 것은 동해의 것보다 몸집이 작아서 왜대구矮大口라
한다.

수놈은 배가 홀쭉하고, 배불뚝이 암컷은 무려 수만에서 수
십만 개의 알을 낳는 다산 어류다. 그러나 어느 고기나 다 그
렇듯이 그 많은 알 중에서 무사히 성어成魚로 성장하는 개체는
아주 적다. 알은 둥둥 떠다니고(플랑크톤생활), 갓 부화한 유생인
자어仔魚는 4밀리미터에 달하며, 약 10주 후에는 2센티미터의
치어(稚魚, 잔고기)가 되고, 이때쯤이면 먹이는 플랑크톤에서 갑
각류 유생이나 작은 게 따위로 갑작스레 바뀐다. 첫해가 지나
면 14~18센티미터로, 2년 후에는 25~35센티미터로 자라고,
3~4년 후에는 50센티미터로 자라 성어가 된다. 자어나 치어는
연안의 얕은 바다에서 생활하지만 성어가 되면서 점차 깊은 곳
으로 이동한다.

옛날에는 명태가 동해안을, 조기가 서해안을 대변하는 어류
였다면, 대구는 남해안의 바닷물고기였다. 그러나 동해안의
명태는 지금에 와 완전히 씨가 말랐고, 부랴부랴 명태도 대구
처럼 치어를 방류하여 살려내려고 무진 애를 쓰나 아직 그 뜻
을 이루지 못하고 있다 한다. 실은 대구마저 비슷한 처지였는
데 다행히 꾸준한 치어 방류 사업 덕분에 기어이 돌아왔고, 근
래에 와서 활기를 되찾았으니 절반의 성공을 이룬 셈이다. 대

구도 언어처럼 회귀하는 습성이 있는지라 해마다 거제 시와 거제 수협이 대구잡이의 주 어장인 외포 앞바다에 수정란 수억 개와 치어 수백만 마리를 방류했다 한다. 덕분에 국산 대구를 먹고 있다.

다음은 먹는 이야기다. 대구 흰 살은 지방이 적어 담백한 맛이 나고, 아미노산이 풍부하여 숙취 해소에 좋다. 대구 간유(대구의 간에 들어 있는 기름)에 비타민 A와 비타민 D가 풍부하기에 야맹증과 골다공증에 좋고, 불포화지방산인 오메가3도 많으며, 알에 있는 비타민 E는 노화를 예방한다.

대구는 살뿐만 아니라 아가미, 알, 눈알, 껍질까지 먹는다. 알집(난소卵巢)은 명란과 비슷하지만 훨씬 더 크고, 이리라 부르는 정집(정소精巢)도 대구탕에 넣으면 고소한 것이 입이 호사한다. 눈알은 고급 요리에 사용되고, 알은 알젓을, 아가미와 창자는 창난젓을 담는 데 쓰인다. 대구의 아가미뚜껑에 붙은 살점을 뽈(볼. 볼때기의 경상도 사투리)이라 하는데, 뽈국과 뽈찜은 술국으로 알아주고, 말린 대구껍질을 삶아 썰어 무쳐 먹는다.

그리고 익힌 대구의 살점을 잘 들여다보면 근육 토막이 마디마디 뚝뚝 떨어지니 이를 근절筋節이라 하는데, 몸통을 흔드는 근육으로 같은 대구과에 드는 명태 살에서도 본다.

대구는 오래 보관하기 위해 배를 따서 펼쳐 말리고, 마른 대구에 갖은 양념을 넣어 넉넉히 오래 끓이면 그 맛 또한 일품이다. 그런데 전통 음식으로 병을 앓고 난 뒤에 약으로 먹었던 '약藥대구'라는 것이 있다. 약대구는 배를 가르지 않은 채 소금에 절인 알을 대구의 배 속에 쟁여 넣고, 소금을 뿌려 덕장에서 겨우내 꾸덕꾸덕 말린 것으로, 단백질이 태부족했던 옛날엔 알과 살이 기력을 회복하고 병후 예후豫後에 보약이 되었음은 불 보듯 뻔하다.

뭐니 뭐니 해도 국물이 시원하고 잔가시가 없는 생대구탕을 제일로 쳐준다. 신선한 대구는 윤기가 흐르고, 눈알이 선명하며, 아가미가 선홍빛을 띠고, 살이 탱탱해야 한다. 대구를 반 토막 내어 대가리 쪽만 대구탕으로 쓰고, 살이 푸진 몸통 뒤쪽은 포를 떠서 전이나 구이를 하면 좋다. 후루룩, 군침이 한입이다! 어느 한 점 버릴 것 없이 껍질까지 몽땅 벗겨 먹는 대구로다!

잔디밭에서 바늘 찾기

"잔디밭에서 바늘 찾기"란 아무리 애쓰며 수고해도 성과가 없는 헛수고를 이르는 말이다. 같은 속담에 "솔밭에서 바늘 찾기" "감자밭에서 바늘 찾기" "검불밭에서 수은 찾기" "겨자씨 속에서 담배씨 찾는 격" 등이 있다. 그리고 "홍제원 나무 장수 잔디 뿌리 뜯듯"이란 무엇을 바드득바드득 쥐어뜯는 모양을 비유적으로 이르는 말이다. 홍제원은 조선시대 중국 사신들이 서울 성안에 들어오기 전에 임시로 잠시 묵던 공관으로 지금의 서울 서대문구 홍제동에 있었다고 한다.

잔디 하면 제일 먼저 김소월의 이별한 임에 대한 그리움을 노래한 「금잔디」가 머리에 떠오른다.

잔디 잔디 금잔디

심심산천에 붙은 불은

가신 임 무덤가에 금잔디

그리고 버터필드J. Butterfield가 작곡한 미국 노래 「매기의 추억

When you and I were young, Maggie」이 생각난다.

옛날에 금잔디 동산에

매기 같이 앉아서 놀던 곳

(……)

물레방아 소리 그쳤다

매기 내 사랑하는 매기야

그런데 이 노래 가사는 번안(飜案, 원작의 내용이나 줄거리는 그대로 두
고 풍속, 지명, 인명 따위를 시대나 풍토에 맞게 바꾸어 고침)한 것으로, 원래
가사에 잔디는 눈 닦고 봐도 없고, 제비꽃, 밤, 수선화가 나온다.

한국 잔디를 대표하는 들잔디Zoysia japonica는 외떡잎식물 벼과
의 여러해살이풀로 높이는 10~20센티미터로 자란다. 꽃은
5~6월에 피고, 꽃대의 길이는 3~5센티미터로 곧추선다. 추
운 지방에서는 잘 자라지 못하고, 또 줄기가 완전히 땅바닥에

대고 자라는 포복(匍匐)형으로 땅속줄기가 왕성하게 뻗어 옆으로 긴다. 또한 겨울 동안 보리의 뿌리가 잘 내리도록 들뜬 겉흙을 눌러주고 이른 봄에 그루터기를 밟아주는 '보리밟기'를 안 해줘도 되고, 병충해가 거의 없다.

잔디는 조경에 빠질 수 없다. 씨를 뿌려서 키운 다음 흙을 붙여 뿌리째 떠낸 잔디를 '떼'라 한다. 떼를 띄엄띄엄 심어 쓱쓱 밟아두면 얼마 후 완전히 잔디로 덮인다. 들잔디는 양지바른 산야의 길가에 나고, 본디 관상용이나 사방(砂防, 흙이나 모래 따위가 비나 바람에 씻기어 무너져서 떠내려가는 것을 막는 시설) 및 분묘(墳墓)의 사초(莎草, 무덤에 떼를 입히는 일)용으로 쓰인다.

우리나라 잔디는 크게 2군으로 구분하니, 옛날부터 한국, 중국, 일본 등 동북아시아에서 잔디로 사용해오던 한국 잔디(Zoysia속)와 서양 잔디로 구분한다. 들잔디는 한국에서 사용하는 잔디의 대부분을 차지한다. 그리고 우리나라 잔디인 금잔디Z. tenuifolia는 잎의 너비가 1밀리미터 이하이고, 높이는 3센티미터 이하인 매우 고운 잔디다. 남해안에서 자생하며 추위에 약하므로 경기 지역에서는 월동할 수 없다. 들잔디와 금잔디 외에도 바닷가 모래땅에 자라는 갯잔디Z. sinica, 중부 이남의 바닷가 모래땅에 자라는 왕잔디Z. macrostachya가 있다. 참고로 벤트그래스 bentgrass는 골프장에 이용되는 품종이다.

잔디가 나는 곳에는 늘 띠*Imperata cylindrica*가 있다. 띠는 높이가 30~80센티미터로 잔디보다 훨씬 크고, 툭하면 잔디를 깔아뭉갠다. 뿌리줄기가 땅속 깊이 뻗는 무덤 윗부분(묏등)의 띠는 무슨 수로든 없애야 한다. 가만히 두면 띠로 완전히 덮이는 것은 시간문제다. 또 띠의 꽃이삭(화수花穗)인 통통한 삘기는 5월에 잎보다 먼저 나온다. 띠는 잎으로 지붕을 이거나 재래식 우비 도롱이(사의蓑衣)를 만드는데, 도롱이는 띠, 볏짚, 보릿짚, 밀짚 따위를 쓴다.

우리를 살려준 구황식물 몇 가지를 본다. 옛것을 알아야 새것을 발견한다고 하지. 어린 독자들은 억척스레 살아온 애옥하고 초라한 우리의 삶을 보고 지질히 궁상떤다고 욕할지 모르지만 그렇지 않다. 당장에 땟거리가 없어 굶을 지경이었으니, 말해서 이판사판이다. "사흘 굶으면 선비도 남의 집 담을 넘는다"는 속담도 있잖은가.

잔디 하면 초근목피草根木皮의 주인공이다. 초근목피란 '풀뿌리와 나무껍질'이라는 뜻으로, 맛이나 영양 가치가 없는 거친 음식을 비유적으로 이르는 말이 아닌가. 처음 초근을 보자. 생각하기조차 끔찍하지만 어쩔 수 없었다. 봄에 잔디 뿌리를 캐내서 그것을 잘근잘근 꾹꾹 씹었으니 말이다. 물론 띠 뿌리도 마찬가지다. 이 뿌리들에는 만니톨mannitol, 포도당, 과당 같은 당과 구연산, 말산 등의 유기산이 들어 감칠맛이 났던 것. 어린 꽃이삭조차 뽑아 먹었다. 이것을 시골에서는 '삐삐'라고 했는데 세기 전에 뽑아 먹는다. 입이 미어지게 쑤셔 넣으니 보들보들하게 씹히는 것이 달착지근한 맛을 낸다.

그리고 초근하면 뭐니 뭐니 해도 칡뿌리(갈근葛根)다. 뿌리가 하도 깊게 박혔으므로 곡괭이나 호미들이 몽땅 쓰인다. 어쩌면 그 야문 땅을 그렇게 파고들었단 말인가. 드디어 뿌리를 자르고, 낫으로 삐져서 질겅질겅, 꾹꾹 씹으니 그 단물이 대뇌에 박혀 있어 글을 쓰면서도 마구 침을 흘린다!

다음은 목피다. 가풀막 덤불밭으로 슬슬 자리를 옮겨 굵고 빳빳하며 실팍한 찔레 새순을 똑 꺾어 껍질을 적당히 벗기고 곱씹는다. 다음은 송기(松肌, 소나무의 속껍질)로 보릿고개 시절 배고픔을 달래는 데 으뜸가는 구황음식이었다. "물오른 송기 때 벗기듯"이란 말이 있다. 물오른 소나무의 속껍질을 벗긴다는 뜻으로, 겉에 두르고 있는 의복이나 껍질 따위를 말끔히 빼앗거나 벗기는 모양을 비유적으로 이르는 말이다. 송기로는 이파리가 두 장씩 묶어 나는 우리나라 재래종 소나무(육송, *Pinus densiflora*)를 쓴다.

물이 막 오르는 4~5월경에 소나무의 우듬지(상순上筍)를 잘라 칼로 표피(겉껍질)를 깎아버리고 속껍질을 남긴다. 나뭇가지를 하모니카 불듯 이로 벗겨 먹으니 단물이 퍽퍽 튀는 것이 그 맛이 일품이다. 집에 가져온 송기는 물에서 2~3일 우려낸 다음에 햇볕에 바싹 말려 절구통에 콩콩 찧어 가루를 낸다. 까칠까칠한 그것을 꽁보리밥에 얹어 먹었다. 송기 맛이 좀 텁텁한 것은 타닌tannin 탓인데, 때문에 송기 밥이나 떡을 먹고 나면 변비로 고생했던 기억도 생생하다. 그뿐만 아니라 밭가의 두릅나무 순, 논두렁의 쑥, 뒷산의 취나물 등 온갖 봄나물이 내 생명을 지켜주었지. 고마운 푸나무(초목)들이다!

그리고 예나 지금이나 어린이는 배를 곯아도 한사코 놀지 않고는 못 배긴다. 놀면서 자라는 어린이다! 씨알이 가득 맺힌 잔디 이삭을 뽑아 줄기를 두 손톱으로 죽 밀어 누르면 물방울이 끝에 맺히니, 서로 맞대어 상대방의 방울을 따면 이긴다. 보통 큰 방울 쪽으로 가며, 진 사람의 이마에 꿀밤을 한 대 먹인다. 뭘 잘 모르는 친구가 십상팔구 당한다. 또 하늘 이야기를 잔뜩 늘어놓고는 잔디 이삭을 꽉 물고 하늘을 보면 낮에도 별이 보인다고 슬슬 꼬드긴다. 친구가 이삭을 입에 꼭 깨무는 순간 부르쥔 손을 홱 잡아당기니 뿌드득 잔디 씨가 입안에 가득이다. 얼떨결에 어처구니없이 당한 애꿎은 친구는 아랑곳 않고 퉤퉤 뱉느라 바쁘다!

꼬막 맛 변하면 죽을 날 가깝다

꼬막 하면 벌교를 쳐준다. "벌교에 가거든 주먹 자랑 하지 마라"란 옛날부터 전라도 보성군 벌교 사람들이 힘이 세다는 말인데, 벌교 특산물인 꼬막이 기력과 상관관계가 있다고 봤던 것이다. 또 "꼬막 맛 변하면 죽을 날 가깝다"고 하는데, 몸이 좋지 않은 탓에 꼬막 맛이 없을 정도로 입맛이 바뀌었다는 말일 것이다. 사실 건강이 좋지 않으면 제일 먼저 음식 맛이 간다.

손가락이 짤막한 조막만 한 손, 즉 흔히 어린아이의 손을 이르는 '꼬막손'도 이 꼬막에서 온 말이 아닌가 싶다. 여기서 '조막'이란 주먹만큼이나 작다는 뜻으로, 어리거나 몸집이 작은 것을 얘기한다. 또 "봄 조개 가을 낙지"란 봄에는 조개, 가을에는 낙지가 제철이라는 뜻으로, 제때를 만나야 제구실을 하게 됨을 비유적으로 이르는 말이다. 꼬막도 겨울에서 초봄에 제맛을 내는데 이때 알을 품는 탓이다.

꼬막은 길이 5센티미터 남짓한 사새絲鰓목 꼬막조개과의 부족류(이매패) 연체동물이다. 겉이 매끈매끈하고 반들반들한 다른 조개와 달리 껍데기에 17~18줄의 푹 들어간 골이 파여 있다. 한국, 일본, 남아프리카, 인도양, 서태평양, 동남아시아, 호주 등지의 모래흙이 있는 조간대潮間帶에 서식하고, 요즈음은 연안에서 양식한다. 조개도 키워 먹는 세상이다!

꼬막을 캐는 데는 널배가 꼭 있어야 한다. '널배'란 남해와 서해에서 꼬막을 채취하기 위해 갯벌에서 타는 배로 '뻘배'라고도 부르며, 진흙 갯벌에서 유일한 이동 수단이다. 판판하고 넓게 켠 널빤지로 만들어졌기에 널배라 부르고, 앞부분이 갯벌에 박히지 않도록 스키처럼 위로 구부러져 있다. 길이는 약 2미터이고, 폭은 45센티미터가량의 판자로 만들었으며, 꼬막이나 조개 바구니를 잔등에 싣기도 한다.

어부들은 내리쬐는 햇발과 휘몰아치는 해풍을 받으며 겨드랑이 털과 정강이 살이 다 빠지도록 팍팍하고 거친 삶을 대차게 산다. 바닷가 사람들이 꼬막을 잡으러 힘겹게 오가면서 자가용 널배를 지치는 모습을 TV에서도 본다. 한쪽 다리는 나무판 위에 올리고 다른 다리로 갯벌 바닥을 스키 타듯 짤름대며

쌩쌩 내닫는다. 아낙들이 널배에 '형망(꼬막 잡는 장비)'을 걸어 갯벌 바닥을 세게 훑는다. 여기서 형망은 갈아놓은 논이나 밭의 흙덩이를 바수고 바닥을 판판하게 고르는 데 쓰는 농기구, '써레'를 닮았다. 써레란 지역에 따라 '써리' '쓰래' '써그레'라고도 하는데, 긴 통나무에 둥글고 끝이 뾰족한 써렛발(갈퀴) 여남은 개를 빗살처럼 나란히 박는다. 몸체는 보통 소나무로 만들며, 요새는 써렛발을 쇠로 박지만 옛날엔 참나무류나 박달나무같이 단단한 나무를 깎아 썼다. 논에서 쓰는 써레를 '무논써레', 밭에서 쓰는 것을 '마른써레'라 한다. 논밭의 써레와 바다의 형망의 원리가 같다는 말이다.

꼬막은 여느 조개와 달리 삶아도 "부전조개 이 맞듯" 껍데기를 꽉 다물고 있다. 이때 패각이 맞물린 이음(틈) 사이로 숟가락이나 칼끝을 집어넣어 벌리면 쉽게 열린다. 꼬막 속(외투강)에는 주황색의 졸깃졸깃하고 감칠맛 나는 조갯살과 함께 간간하고 입맛 돋우는 불그스레한 조개 국물이 한가득 고여 있다.

꼬막속(屬)에는 크게 '참꼬막'이라 부르는 꼬막*Anadara granosa*과 새꼬막*A. sativa*, 피조개*A. broughtonii*가 있다. 학명 앞의 속명이 *Anadara*로 바뀐 것도 참고할 것이다. 다시 말하면 꼬막의 옛 학명은 *Tegillarca granosa*였으나 새로 *Anadara granosa*로 바뀌었다. 새꼬막의 옛 학명은 *Scapharca subcrenata*였고, 피조개의 옛 학명은 *Scapharca broughtonii*였다.

꼬막, 새꼬막, 피조개를 간단히 서로 비교해보면, 크기는 각각 5.2센티미터, 7.5센티미터, 12센티미터이고, 꼬막에는 껍데기에 나는 털이 없지만 새꼬막은 조금 있으며, 피조개는 아주 많다. 그리고 조개껍데기 겉면의 부챗살처럼 도드라진 줄기인 부챗살마루(방사륵放射肋)는 각각 17~18개, 30~34개, 42~43개씩 있다. 꼬막이 새꼬막보다 맛이 더 난다고 하는데, 역시 가장 윗길(상품上品)인 것은 피조개다.

한소끔 끓여내어 애써 깐 살점에 갖은 양념장을 끼얹으니 고소한 냄새가 물씬 나는 별미 꼬막무침이다. 이렇게 고마운 갯벌이 오동통하고 달착지근한 꼬막 살을 준다. 글을 쓰는 이 순간에도 군침이 한입 돈다. 후루룩, 꽉 찬 살을 쭉쭉 빼 먹는 것을 생각하니 말이다. 암튼 꼬막은 싹싹 치대 골 사이에 들어 있는 개흙을 씻어내고, 소금물에 해감하며, 알알이 까는 등 꼼꼼한 잔손이 많이도 간다.

이들은 드물게 척추동물이 갖는 혈색소인 헤모글로빈이 들어 있어서 살이 붉은색을 띠고 안에도 핏물이 돈다. 덧붙이면 조개류를 포함한 대부분의 연체동물은 혈액 속에 구리를 함유한 헤모시아닌이 산소를 운반하지만, 이들은 철을 함유한 헤모글로빈이 있어 피가 붉다. 우리도 이들이 붉다 하여 '피조개'라 하듯이 서양 사람들도 보통 '블러드 카클blood cockle' 또는 '블러드 클램blood clam'이라 부른다.

헤모시아닌의 산소 운반 능력은 헤모글로빈의 반에도 미치지 못한다. 꼬막류는 산소가 부족한 갯벌에 묻혀 살기에 헤모시아닌보다 산소 결합력이 우수한 헤모글로빈을 가졌다. 산소가 아주 적은 시궁창의 구정물에 사는 환형동물(실지렁이)이 헤모글로빈을 가져 빨간색을 띠는 것도 매한가지다. 가장 깊은 곳에 사는 피조개는 피가 더 빨갛고 살까지 붉다.

호흡색소 이야기가 나온 김에 조금 보탠다. 환형동물인 지렁이, 갯지렁이 등은 혈장 속에 클로로크루오린chlorocruorin이라는 것이 있는데, 산소 운반 능력이 헤모글로빈의 약 25퍼센트에 지나지 않으며, 산화하면 붉은색, 산소가 부족하면 녹색을 띤다. 바다에서 사는 환형동물이나 완족류의 헤메르트린(철이 들어 있다)은 산화하면 분홍색이나 보라색을 띤다. 키조개는 망간을 품고 있는 피나글로빈pinnaglobin을, 원삭동물인 멍게는 바나듐vanadium이 든 크로모겐chromogen을 각각 혈구 속에 가지고 있다. 그리고 도살한 소, 돼지의 살이 붉은 것은 미오글로빈이라는 붉은 색소 때문으로 헤모글로빈보다 산소 결합력이 한결 더 세다. 쇠고기 살덩어리를 물에 오래 담가 둬도 붉은 것은 바로 이 단백질 탓이다.

죽지 부러진 독수리

"독수리가 병아리 채 가듯"이란 갑자기 덮쳐서 감쪽같이 채 가는 모양을, "독수리는 모기를 잡아먹지 않는다"는 자신의 위신에 어울리지 않는 일에는 지나치게 세세한 신경을 쓰지 아니함을 비유적으로 이르는 말이다. 또 "독수리는 파리를 못 잡는다"란 소 잡는 칼로 모기 잡지 않듯이, 각자 능력에 맞는 일이 따로 있다는 말이고, "독수리 본 닭 구구 하듯"이란 독수리를 본 닭이 갈피를 못 잡고 이리저리 헤매듯 위험이 닥쳤을 때 겁에 질려 어쩔 줄 모르는 모양을 이르는 말인데, 실제로 하늘에서 빙빙 도는 솔개와 독수리를 보는 날에는 겁먹은 닭들이 꽥꽥 소리 지르며 허겁지겁 숨을 곳을 찾는다. 특히나 어미 암탉의 경고음에 어미를 붙좇던 병아리들은 질겁하여 쪼르르, 나부죽 엎드린 어미의 날개 밑으로 냉큼 숨어들어 똘망똘망한 눈을 뜨고 대가리만 쏙쏙 내민다. 그리고 "죽지 부러진 독수리(매)"란 날갯죽지가 부러지듯 치명적인 타격을 받고 자기의 힘과 재능을 마음대로 쓰지 못하게 됨을 비꼬아 이르는 말이다.

독수리는 매목 독수리과에 들고, 대형 겨울철새로 몸 전체가 검은색이라 '블랙 벌처black vulture'라 부른다. 우리나라 독수리과에는 모두 13종이 있으니, 독수리 말고도 물수리, 참수리, 솔개, 참매, 말똥가리, 검독수리 등이다. 전 세계에 23종의 유사한 종들이 서식하고, 소형 독수리인 흰머리수리는 미국의 국조國鳥다. 우리나라 국화國花는 무궁화이지만 국조는 없다. 한때 까치를 국조로 삼으려 했으나 정식으로 채택되지 못했다.

본종은 스페인과 포르투갈이 서부 한계선이고, 아프가니스탄, 인도를 거쳐 동으로 중국, 몽골, 한국에 서식한다. 우리나라에서 대학의 상징물로 쓰이는 동물 1위가 독수리인데, 부산대, 연세대, 경찰대, 서울시립대, 한국항공대, 공군사관학교 등에서 상징물로 삼고 있다. 겨울에만 잠시 머무는 철새를 상징물로 택한 것은 아마도 미국의 국조 영향이 컸으리라.

독수리는 초원 생태계의 최상위 포식자이며, 청소부로 중요한 몫을 맡고 있다. '야생 조류계의 조폭'이라 불리는 까치들은 '하늘의 제왕'이라는 독수리의 육중한 덩치에도 신경 쓰지 않고

오히려 독수리를 집적거리며 쫓아낸다. 큰 어깻죽지를 넓게 펴고 겁만 줄 뿐 까치에게도 역정을 내 대들지 않고 체머리를 흔들며 먹자리(먹이를 먹으려고 잡은 자리)를 내어주는 독수리는 소심한 동물이라 하겠다. 또 자못 육중한 몸을 지지하기 위해 발은 넓적한 편평발(편평족扁平足)에 가까운 형태다.

독수리는 가장 큰 맹금류로 몸이 크고 힘이 세며, 끝이 굽은 무시무시한 흑갈색 부리와 회갈색의 굵은 다리, 날카로운 발톱을 가졌지만, 그에 비해 머리는 작다. 정수리와 윗목은 깃털 없이 짧은 털로 덮여 벗겨졌고, 목 부위는 목도리를 두른 것처럼 보인다. 대가리를 처박고 먹이를 후벼 파먹으므로 먹이의 병균이나 기생충이 머리에 옮겨 붙지 않게끔 그렇게 털이 빠진 것이라 하고, 그래서 '禿(대머리 독)' 자가 앞에 붙은 것일 터. 이렇듯 서울의 독산동禿山洞도 과거 민둥산이었음을 알려준다.

몸길이 98~120센티미터, 편 날개길이 2.5~3.1미터, 꽁지는 33~41센티미터이며, 수컷은 6.3~11.5킬로그램이고, 암컷은 조금 커서 7.5~14킬로그램이다. 일직선으로 쫙 편 날개의 양 끝에는 긴 날개깃이 차례로 삐죽삐죽 많이 나 있다. 날갯짓은 매우 느리고, 날 때는 날개를 쫙 편 채로 상승기류를 이용한다. 고도 3800~4500미터에서 많이 날며, 6970미터 높이의 에베레스트 산에서 나는 것도 관찰되었다고 한다. 그런 높이에선 산소가 부족하지만 독수리는 특수 헤모글로빈이 있어 산소호흡에 지장이 없다 한다.

독수리는 포식자에게 희생되었거나 저절로 죽은 야생동물의 사체를 먹으며, 병들어 죽어가는 동물을 잡아먹기도 한다. 이렇듯 자연계에서 포식자들은 전염병을 옮길 수 있는 병든 놈(피식자)들을 솎아주므로 생태계를 건강하게 유지하는 중요한 역할을 한다. 한 예로 사자에게 죽음을 당하는 얼룩말은 병이 들었거나 약골인 놈들로, 건강한 유전자를 가진 놈들만 살아남는다는 말이다. 또 여느 맹금류처럼 독수리도 소화되지 않은 털이나 깃털, 뼈 같은 덩어리를 토해내니 이를 펠릿pellet이라 한다.

독수리는 대부분 혼자 또는 쌍을 지어 생활하지만 겨울에는 대여섯 마리씩 무리를 이루기도 한다. 번식은 지중해나 중앙아시아에서 하는데, 2~4월에 높은 나무 위나 고산 절벽에 집을 지으며 앞이 탁 트인 곳을 좋아한다. 나뭇가지를 쌓아 올려 접시 모양의 둥지를 짓고, 알자리에는 동물의 털이나 작은 나뭇가지를 깔며, 보금자리는 지름이 1.45~2미터, 깊이가 1~3미터에 달하기도 한다. 해마다 조금씩 고쳐 쓰기에 집이 점점 커지고, 똥이나 다른 불순물로 갈수록 더러워진다.

그리고 흰색 바탕에 흑갈색이나 적갈색 무늬의 알을 한 개 낳는데, 알은 길이가 83.4~104밀리미터, 폭이 58~75밀리미터다. 알 품기(포란抱卵) 일수는 52~55일이며, 새끼에게 먹이를 토해 먹이고, 부화한 지 넉 달이 지나면 따로 날 수 있다. 그런데 몽골의 검독수리는 한 배에 알을 두 개 낳아서 기르다가 먹잇감이 부족하면 큰 놈이 맥없이 핼쑥해진 작은 놈을 죽이는데 어미는 으레 그러려니 하고 아랑곳 않는다. 적자생존適者生存, 약육강식弱肉强食의 참 무서운 세상이다!

겨울엔 우리나라로 날아와 월동하고 봄을 나면 돌아가니, 대표적으로 철원의 토교저수지 근방, 파주 장단반도, 연천 지역과 경남 고성군, 산청군에 해마다 400~500마리가 날아든다. 우리 고향 집인 산청군 단성면 백운리 뒷산에도 이들이 날아오니 어마어마하게 깔겨놓은 지저분한 배설물로 산 정상에 동그마니 놓인 너럭바위가 덕지덕지 허옇게 똥 범벅이 되어 있다. 아무튼 요샌 일부러 먹이를 주므로 옛날보다 더 많은 수가 찾아오게 되었고, 천연기념물 제243-1호로 정하여 보호하며, 세계적으로 현재 4500~5000마리가 서식하는 것으로 추정한다.

그리고 어린이용 TV 프로그램 「독수리 5형제」는 1980년에 방영되어 큰 인기를 끌었던 작품이었지. 출가한 두 딸, 아들과 함께 방영 시간을 기다렸었는데……. 어느새 난 삭정이 늙은이가 되었고 자식들은 다 어른이 되었다. 노여워할 수도 없이 가는 세월을 뉘라서 잡을쏜가.

엎어진 놈 꼭뒤 차기

"꼭뒤가 세 뼘"이라 하면 뒤통수가 아주 넓다는 말로, 몹시 거드럭거리며 거만을 피우는 모양을 뜻하며, 또 "꼭뒤에 부은 물이 발뒤꿈치로 내린다"란 윗사람이 나쁜 짓을 하면 곧 그 영향이 아랫사람에게 미치게 됨을 비유적으로 이르는 말이요, "엎어진(자빠진) 놈 꼭뒤 차기"란 불우한 처지를 당한 사람을 더욱 괴롭힌다는 속담이다.

관용어로 "뒤통수 때리다"란 믿음과 의리를 저버림을, "뒤통수 맞다"란 배신이나 배반을 당함을, "꼭뒤 누르다"란 세력이나 힘이 위에서 누름을, "꼭뒤 지르다"란 앞질러 가로채서 말하거나 행동함을, "꼭뒤에 피도 안 마르다"는 "머리에 피도 안 마르다"와 같은 말로 나이가 아주 어려서 아직 어른이 되려면 멀었음을 이르는 말이다.

뒤통수는 얼굴의 반대편을 일컫는 말로 '꼭지' '꼭뒤'라고도 하고, 뒤통수를 중심으로 머리나 깃고대(옷깃의 뒷부분)를 잡아채는 짓을 '꼭뒤잡이'라 한다. 흔히 시집가지 않은 처녀나 막내아우를 꼭지라 부른다. 민망하거나 겸연쩍은 일이 있으면 뒤통수를 만지고 긁적거린다. 평생 몸담았던 직장을 떠나거나 이승을 이별하는 사람의 뒷모습은 아름다워야 할 터. 그리고 친구나 후배, 동생에게 귀엽다고 격려의 의미로 꼭뒤를 툭 때려준다. 뒤통수를 별것 아닌 것으로 생각하고 때리는 사람들이 많은데, 실은 후두엽, 시상하부, 뇌하수체들이 모여 있는 부위로 일종의 급소라 세게 잘못 맞으면 생명이 위험해질 수도 있다.

그런데 갓난아이의 정수리(머리꼭지)가 굳지 않아서 숨 쉴 때마다 발딱발딱 뛰는 곳이 있으니 '숫구멍'이고, 다른 말로는 '정문頂門' 또는 '숨구멍'이라 한다. 숫구멍의 '숫'은 '더럽혀지지 않아 깨끗한'의 뜻을 더하는 접두사로, '숫처녀' '숫총각'과 같이 쓰인다.

더 상세히 말하면 젖먹이(영아嬰兒)의 머리뼈(두개골)는 여러 조각의 뼈들이 맞물려 있으며, 뼈와 뼈 사이가 막으로 구성되어 말랑말랑하다. 머리 앞부분의 이마뼈와 마루뼈가 만나는, 가운데가 물렁하게 만져지는 부분이 앞숫구멍(대천문大泉門)이고,

꼭뒤에 있는 뒤통수뼈와 마루뼈 사이의 것을 뒤숫구멍(소천문小 泉門)이라 한다. 이 숫구멍들은 생후 2년이면 완전히 봉합되어 (닫혀) 단단해진다. 한데 만약 뇌가 미처 다 성장하기도 전에 뇌 를 싸고 있는 뼈 조각들이 서로 붙어버린다면 뇌의 성장에 지 장을 받는다. 그리고 숫구멍은 아이가 좁은 산도産道를 통해 태 어날 때 유연하게 빠져나올 수 있도록 해준다.

유아의 두개골은 아직 봉합이 덜 일어난지라 어떻게 눕혀 재 우냐에 따라 머리 모양(두상)이 조금씩 달라질 수 있다. 뒤통수 의 모양은 유전성이 강하지만, 유아 때 반듯이 눕혀 재우기를 계속하면 필자처럼 꼭뒤가 자칫 메주 닮아 넓적하고 반반하게 되는 수가 있다. 그래서 요새는 젖먹이를 꼬박 옆으로 눕혀서 서양 아이들을 닮은 앞뒤짱구를 만들어놓으며, 엎어 재우기는 질식사할 위험이 있어 가능한 삼가는 추세라 한다.

"손자는 올 때 반갑고 갈 때는 더욱 반갑다"고 한다. 그리고 손님 대접하기가 어려운 터에 손님이 속을 알아주어 빨리 돌아 가니 이를 고맙게 여겨 "가는 손님은 뒤꼭지가 예쁘다"고 하는 데, 실은 제집으로 돌아가는 손자의 뒤꼭지도 예쁘다. 극귀極貴 한 손님은 모시기 힘들고, 귀애貴愛하는 손자이지만 돌봄이 어 렵다는 의미렷다. "친손자는 걸리고 외손자는 업고 간다"는 말 은 딸에 대한 극진한 사랑을 뜻하는 말로, 친손자가 소중하면서도 외손자를 더 귀여워함을 이르는 말이다.

말에 가시가 있다고 하던가. 옛날이야기로, 안집 주인이 딱하게도 끼닛거리가 없어 손이 유하는 사랑방에 대고 손님 어서 가시라는 의미로 "오늘 가랑비가 오는구나" 하고 넌지시 운을 뗐단다. 그러나 막상 오갈 데 없는 사랑방 손님은 좀 더 머물러야겠다는 뜻으로 "오늘 이슬비가 오는구나" 하고 답을 했단다. 여름 손님은 범보다 무섭다는 이야기도 있다.

손주 이야기가 나와 하는 말이다. 원숭이, 코끼리, 사자 등무리 생활을 하는 동물에서 수컷이 늙거나 병들어 사냥을 못하는 날에는 속절없이 집단에서 매몰차게 쫓겨나 주변을 빈둥거리다 죽고 만다. 그러나 암컷은 여전히 무리 속에서 융숭한 대접을 받으며 산다.

아버지는 가장 외로운 사람이라 하더라! 필자도 팔십 줄에 든지라 절실히 느낀다. 허리 휘어진 할배탕구(할아버지를 낮잡아 부르는 말)는 민망하게도 하는 일 없이 삼시세끼 도통 밥만 축내는 무위도식無爲徒食을 하기에 졸지에 퇴물로 취급당하고 홀대 받기 일쑤다. 고락이 뒤섞이고 희비가 갈마드는 감사나운 일생을 죽을힘을 다해 살아온 늙정이 노인은 영문도 모르고 가차 없이 뒷방구석으로 쫓겨나 군식구로 박정하게 천대를 받게 된다. 기가 찰 노릇으로 고려장高麗葬 이야기도 같은 맥락이다. 그러나 할머니는 자식을 여럿 키워본 양육 기술의 보유자라 손주를 보살피는 데 없어서는 안 된다. 동물들도 늙은 암컷이 쫓겨나지 않는 까닭이 여기에 있다. 사실 필자도 뒤늦게 손주를 보는 것에 한계를 느끼는데 집사람은 용케도 끈질기게 후손을 보살피는 것을 보면 정녕 놀라지 않을 수 없다. 타고났다 하겠다! 사람이랑 동물의 생태가 온통 다르지 않다는 말씀.

사람의 정수리에는 가마hair whorl라는 것이 있다. 사람의 머리나 일부 짐승의 대가리(말은 두 눈 사이에 있다)에 털이 한곳을 중심으로 빙 돌아 나서 소용돌이 모양으로 된 것을 말하며, '선모旋毛' '양머리' '회모回毛'라고도 한다. 사람 가마는 대부분이 외가마이지만 쌍가마도 있고, 아주 드물게 세 가마도 있다. 가마는 오직 몸에 털이 난 동물(포유류)에서만 볼 수 있고, 거의가 시계 방향이지만 오른손잡이의 8.4퍼센트와 왼손잡이의 45퍼센트가 시계 반대 방향으로 감긴다고 한다.

아무튼 미운 사람 뒤통수에 주먹을 내밀며 모욕하는 짓을 주먹질이라 한다지. 주먹질이나 손가락질을 많이 받으면 일찍 죽는다고 한다. 늘 하는 말이지만 선생복종하리라.

산돼지를 잡으려다가 집돼지까지 잃는다

"산돼지는 칡뿌리를 노나 먹고 집돼지는 구정물을 노나 먹는다"란 돼지 같은 욕심꾸러기 짐승도 먹을 것을 나누어 먹는다는 북한 속담으로, 욕심 사나운 사람을 비꼬는 말이다. "산돼지를 잡으려다가 집돼지까지 잃는다"는 새로운 일을 자꾸만 벌여놓으면서 이미 있는 것을 챙기는 데 소홀하면 도리어 손해를 봄을 이르며, "산토끼를 잡으려다가 집토끼를 놓친다"거나 "가는 토끼 잡으려다 잡은 토끼 놓친다"와 같은 속담이다. 또 "산이 우니 돌이(산돼지가) 운다"고 하는데, 이는 주관 없이 남이 하는 대로만 따라 행동함을 비유적으로 이르는 말이다.

산돼지(제주에서는 산톳)를 다른 말로 멧돼지라 하고, 한자로는 산저山猪, 야저野猪라 한다. 우리가 흔히 쓰는 저돌猪突이나 저돌

적이라는 말도 돼지나 멧돼지와 연관된 말이며, 앞뒤 생각하지 않고 마구 함부로 내닫거나 덤빔을 말한다. 이렇게 멧돼지처럼 용맹스럽게 날뛰는 것을 저돌지용豬突之勇 또는 저돌희용豬突狶勇 이라 한다. 멧돼지는 위협을 당하거나 상처를 입는 날에는 머리를 낮춘 상태에서 엄니(견치犬齒)를 치켜들고 물불 안 가리고 사납게 덤빈다.

어쨌거나 우둔해 보이면서도 영리하고 민첩하며 힘센 멧돼지다. 날렵한 것이 공격적이고 저돌적이라면 반대로 집돼지는 순치되어 사람 말을 잘 듣는다. 그리고 윷놀이에서도 재빠른

동물들이 등장하니 '도'는 돼지의 곁말(사물을 바로 말하지 않고 다른
말로 빗대어 하는 말)이요, 개, 걸, 윷, 모(개, 양, 소, 말)와 달리기 시합
을 한다.

그리고 멧돼지는 집돼지의 조상으로 멧돼지를 가축화한 것
은 1만 년 전으로 본다. 사실 집돼지도 멧돼지의 아종이라 지
리적, 생태적으로는 격리되었어도 멧돼지 고유의 특징을 공유
하며, 형태적으로 작은 차이를 보인다. 염색체가 모두 38개로
동일한 종이기 때문에 둘은 기꺼이 서로 짝짓기를 하여 새끼를
밴다.

그런데 멧돼지_Sus scrofa_는 소목 멧돼지과에 속하는 유제류有蹄類
로, 발굽이 둘로 짜개진 우제류偶蹄類다. 참고로 발굽동물을 유
제류라 하는데 양, 염소, 노루, 사슴, 소, 들소처럼 뾰족한 발
굽이 짝수로 있는 것을 우제류, 말처럼 하나이거나 코뿔소같이
홀수로 있는 것을 기제류라 한다. 미토콘드리아 DNA 검사에
따르면 인도네시아나 필리핀이 원산지로 추정되며, 세계적으
로 16아종이 있고, 우리나라 멧돼지 학명은 _Sus scrofa coreanus_
로 쓰기도 한다.

놈들은 몸집에 비해 머리가 큰 편이고, 작은 눈에 다리는 짧
으며, 살가죽이 매우 두껍고 꼬리가 유달리 짧다. 그래서 아무
짝에도 쓸모없음을 비유하여 "칠푼짜리 돼지 꼬리 같다"고 한

다. 그리고 목통이 아주 굵고, 삐죽한 입에 두꺼운 육질의 콧구멍이 뻥 뚫려 있으며(코와 윗입술이 합쳐졌다), 주둥이가 야물고 원통형으로 길어서 거침없이 땅을 파 먹잇감을 찾는다. 귓바퀴(이개耳介)는 삼각형이다.

보통은 몸길이 90~200센티미터, 어깨 높이 55~100센티미터, 몸무게는 50~90킬로그램이지만 역시 지역 편차가 커서 따뜻한 동남아시아의 것은 44킬로그램쯤이라면, 추운 러시아의 것은 332킬로그램이 넘는다. 또한 수컷이 암컷보다 5~10퍼센트 더 크다. 암수 모두 위아래에 송곳니가 변한 날카로운 엄니가 삐죽 나 있으며, 마치 칼같이 예리한 이 엄니로 질긴 나무뿌리를 자르고 싸움을 한다. 수컷의 엄니는 6센티미터나 되는 것이 쑥 튀어나와 있지만, 암컷의 엄니는 수컷보다 작고 겉으로 비껴 나지 않아 보이지 않는다.

늙은 어미가 대장질을 하고, 집에는 어미와 새끼들이 다붓다붓 모여서 지내지만 수컷 아비는 가까운 곳에 따로 머문다. 그것도 아직 발딱발딱 힘깨나 쓸 때 이야기다. 더 늙으면 완전히 무리에서 밀려나서 무리 근처에도 접근 불가다. 사실은 가족생활을 하는, 무리 짓는 동물치고 그렇지 않은 것이 없다. 이런 자연의 섭리를 잘 이해하면 늙정이들이 자식들에게서 '똥친 막대기(천하게 되어 아무짝에도 못 쓰게 된 물건이나 버림받은 사람)' 꼴로 푸대접 받는 것을 서럽게 여길 일이 아니라는 것을 안다. 어디 사람은 동물이 아닌가, 이 말이다. 따라서 "긴병(장병長病)에 효자 없다"는 말도 당연지사인 것이고……. 너무 오래 사는 것이 문제로다. 자는 잠에 조용히 죽어야 할 것인데 죽음도 마음대로 하지 못하니 탈이로다.

늦가을이면 수컷들끼리 박 터지는 암컷 쟁탈전이 벌어져 힘센 녀석이 암컷을 독차지한다. 임신 기간은 약 115일이고, 출산 전에 무리로부터 떨어져 나온 어미는 굵은 나뭇가지를 모아 높이 1미터 정도의 둥지를 만들고 거기서 분만한다. 새끼 양육에 수컷은 전혀 관여하지 않으며 암컷만이 책임지고 보살핀다.

수컷과 암컷의 비율은 1대 1이다. 즉 암컷에 대한 수컷의 비로 표시하는 성비(性比, sex ratio)는 1이다. 그리고 1년에 두 배 새끼를 낳으며, 서너 달 후에 젖을 떼고, 여섯 달 후에 또다시 새끼를 밴다. 수명은 20년 남짓이다. 특이하게도 어린 새끼는 부모와 사뭇 다르게 머리에서 꼬리 쪽으로 여러 줄의 담황색의 세로무늬가 있으며, 여섯 달 후면 곧장 그 띠무늬가 사라진다.

먹이 피라미드의 제일 꼭대기를 차지하는 최상위 포식자는 늑대나 호랑이로 멧돼지를 포식해야 하는데, 이들 포식자가 우리나라엔 없으니 얄궂게도 멧돼지가 그 자리에 올라앉았다. 하여 맹랑하게도 스스럼없이 활개 치며 대도시 한복판을 질주하는 판이다.

또한 녀석은 절대로 거처(잠자리)에 똥이나 오줌을 누지 않는다. 그리고 여름철에는 진흙으로 된 물웅덩이에서 뒹굴면서 기생충을 없애기도 하고 체온을 낮추기도 한다. 또 목욕탕 근처에 있는 나무등치는 껍질이 온통 벗겨져 있으니 쓱쓱 목덜미를 부비고 나부댄 자국으로 기름이 반질반질 묻어 있다. 그리고 멧돼지도 풀쩍풀쩍 뛰어다니는 정해진 길이 있어서 녀석이 수없이 오르고 내린 곳에는 반들반들하고 깔끔한 '고속도로'가 휑하니 나 있다. 녀석은 시속 40킬로미터로 질주하고 150센티미터가 넘는 장애물도 훌쩍 뛰어넘는다.

주로 으스름한 이른 아침이나 저녁에 먹이를 찾고, 밤과 낮에는 쉰다. 멧돼지는 본래 초식성으로 칡뿌리나 밤 따위를 즐기지만 지렁이, 새, 도마뱀, 토끼, 들쥐 등 온갖 것을 걸신들린 듯 닥치는 대로 다 먹어 치운다. 그런가 하면 옥수수나 고구마 등 곡식을 마구 조지고 먹어 치워서 미움을 받는다. 지렁이 먹겠다고 무덤까지 들쑤셔 파헤치며 별짓을 다 하는 고약한 놈이 아닌가. 우리 시골집 대문 앞의 밭에도 내려와 땅바닥을 마구 뒤집어놓으니 어처구니가 없다.

솜에 채어도 발가락이 깨진다

"발가락의 티눈만큼도 안 여긴다"거나 "발새 티눈만도 못하다"란 남을 몹시 업신여김을 비유적으로 이르는 말이다. 발에 안 맞는 좁은 신발을 신고 오래 걷거나 글을 오래 자주 쓰면 기계적인 압력 탓에 발이나 손의 피부 각질층이 원뿔꼴로 두꺼워져 피부에 못이 박힌 것처럼 되는데, 이것을 '티눈corn'이라 하며 누르면 아프다. 티눈을 칼로 깎아보면 안에 딱딱한 핵이 들어 있는 것을 알 수 있다. 이와 비슷한 '굳은살'은 오랜 압박이나 마찰로 살갗이 두꺼워지고 단단해진 것으로 티눈에 비해 통증이 없다.

티눈이나 굳은살에는 발에 맞는 편안한 신발을 신거나 신발에 패드를 대어서 피부에 가해지는 압력을 줄이면 좋다. 그러나 이러한 방법으로는 완전히 치료하기 어렵고, 각질을 녹이는 '티눈고' 등을 써서 각질이 물렁해지면 면도날로 조심스럽게 깎아내야 한다.

"발보다 발가락이 더 크다"란 기본이 되는 것보다 덧붙이는 것이 더 많거나 일이 순리와 반대가 되는 경우를 이르는 말로, "아이보다 배꼽이 크다" "눈보다 동자가 크다" "배보다 배꼽이 더 크다" "얼굴보다 코가 더 크다" 등의 속담과 같은 뜻이다. 또 "솜에 채어도 발가락이 깨진다"란 부드러운 솜에 차이고도 발가락이 다친다는 뜻으로, 대수롭지 않은 일로도 궂은 일이 생긴다는 말이다. "엄지발가락이 두 뽐가웃이라"는 일 않고 팽팽 놀고먹으니 엄지발가락이 자라서 두 뼘 반이나 되었다는 뜻의 북한 속담으로, 놀고먹는 사람을 핀잔하는 말이다. 여기서 '가웃'이란 수량을 나타내는 단위로 '절반'의 뜻을 더하는 접미사다.

사지동물四肢動物에만 있는 발가락은 다섯 개가 보통이지만 둘, 셋, 넷인 경우도 있으며, 오늘날의 말처럼 한 개만 있는 수도 있다. 그리고 고양이처럼 발톱으로 걷는 것을 지행趾行, 사람처럼 발바닥으로 걷는 것을 척행蹠行, 말이나 소처럼 발굽으로 걷는 것을 제행蹄行이라 한다.

그리고 영장류의 손발가락이 다섯 개인 것은 아마도 물건을 붙잡거나 쓸어 모으는 데 가장 적합한 구조여서가 아닌가 싶다. 발가락은 몸의 균형을 맞춰주고, 체중을 지탱하게 해주며, 무엇보다 몸을 앞으로 밀어서 걸을 수 있도록 도와준다. 한 발 두 발 걸으며 자기의 걸음새에서 발가락의 기능과 역할을 살펴볼 것이다.

손가락을 수지手指라 하고 발가락의 다른 말은 족지足指다. 손가락은 순서대로 제1~제5손가락 또는 엄지, 약지, 중지, 환지, 소지라 하고, 발가락은 엄지발가락, 둘째 발가락, 셋째 발가락, 넷째 발가락, 다섯째 발가락으로 부른다. 그리고 엄지발가락은 따로 움직일 수 있지만 다른 네 개는 함께 움직이니, 당장 발을 쭉 펴고 발가락을 움직여볼 것이다.

보통은 엄지발가락이 둘째 발가락보다 길지만 가끔 둘째 것이 되레 긴 수도 있는데, 이를 '모턴 발가락 증후근Morton's toe syndrome'이라 한다. 또 하이힐 등 발에 맞지 않는 좁은 신발을 신거나 발가락이 유별나게 길어서 둘째, 셋째, 넷째 발가락의 첫 마디가 굽어지는 '망치발가락hammer toe'이란 것도 있다.

발톱이 안으로 파고드는 것을 '내향성 발톱ingrown nail'이라 하는데 다른 말로 감입조嵌入爪라고도 한다. 보통 엄지발가락에서 나타나는 증상으로 양쪽 곁의 발톱이 발톱 밑을 깊게 파고들어 몹시 아프고, 걷는 데도 지장을 준다. 심하면 발톱의 일부를 통째로 들어내는 수술을 해야 한다. 내 큰딸에게 그런 일이 있어서 의사 친구의 신세를 진 것이 아직도 생각난다. 발에도 별의별 병이 다 있군.

우리나라 전설에 밤에 깎은 사람의 손발톱을 쥐가 먹으면 쥐가 사람으로 둔갑한다는 말이 있다. 또 우리 어머니도 "밤에 손발톱 깎으면 어미 죽는다"고 마구 겁을 줬다. 알고 보니 처지가 어렵기 짝이 없었던 고릿적엔 손톱깎이가 없었으니 가위나 칼 등으로 다치는 것을 막자고 그랬던 것이다.

그런데 말이다, 팔이 없는 사람은 다리가 그 몫을 대신하고, 손이 없으면 발이, 손가락이 없으면 발가락이 대행하는 것을 TV에서도 본 일이 있을 터다. 놀랍게도 두 팔을 잃은 사람이 발가락 사이에 붓을 끼우고 그림을 그리거나 피아노 건반을 두드린다. 그뿐만 아니라 자물쇠나 열쇠를 다루고, 트럼프놀이도 한다. 이가 없으면 잇몸으로 산다더니만 손가락이 없으면 발가락으로 산다!

걷잡을 수 없이 된통 따끔거린다는 통풍이라는 병이 있다. 서양인들은 1~2퍼센트가 걸린다고 하는데 유전성이 60퍼센트를 차지한다 하며, 이른바 '바람만 스쳐도 저미듯 아프다'고 하여 통풍痛風이란 이름이 붙었다. 통풍은 50퍼센트가 엄지발가락에 생기고, 발등, 발목, 뒤꿈치, 무릎, 손목, 손가락, 팔꿈치

등의 관절과 신장腎臟에도 생긴다.

통풍에 걸리면 혈액 내의 핵산 성분인 푸린purine의 대사산물인 요산의 농도가 높아지면서 요산 결석結石이 관절에 들입다 침착되어 혹처럼 뚱뚱 부어오른다. 다른 동물들은 요산을 분해하는 우리카아제uricase라는 효소를 만들기에 통풍이 드물고, 통풍 환자가 밤에 주로 아픈 것은 체온이 떨어지는 탓이라 한다. 결석을 현미경으로 보면 쭈뼛 날선 가시가 난 것이 길쯤한 막대 토막 꼴을 하고 있다.

한편, 통풍은 주로 나이 든 남성에게서 발생하는데, 이는 콩팥의 요산을 제거하는 능력이 나이가 들수록 날로 감소하는 탓이다. 술, 음료, 육류, 해산물 때문에 생기고, 커피나 비타민 C, 유제품이 통증을 좀 가라앉힌다. 과체중인 사람이 퍽이나 잘 걸리므로 가차 없이 술을 줄이고, 체중을 조절하며, 과식하지 않는 것이 통풍을 예방하는 데 도움이 된다. 군살이라는 것은 아무 짝에도 쓸모가 없으매……

김동인의 소설 중에 「발가락이 닮았다」가 있다. 제목을 미루어 보나 마나 결국 자기 자식이 아니라는 것을 말하고 있는 것이렷다. 또 여자들이 매니큐어나 페디큐어로 손발톱을 예쁘게 꾸미니 이를 네일아트nail art라 한다지.

피 다 잡은 논 없고
도둑 다 잡은 나라 없다

"사흘에 피죽 한 그릇도 못 얻어먹었나"란 초췌하여 풀이 죽고 기운이 없어 보이는 사람을 빗댄 말로, 30일 동안 아홉 끼니밖에 먹지 못한다는 말인 삼순구식三旬九食에 버금가며, 애면글면하면서 매우 가난하게 애옥살이하는 궁한 엉세판을 이른다. 여기서 '피죽'이란 요새 같으면 새 모이로나 주는 피 낟알로 쑨 죽을 말한다. "손바닥 뒤집기(여반장如反掌)"와 같은 뜻인 "식은 죽 먹기"에서의 그 죽 말이다.

"피사리하다"란 모판이나 모내기를 한 논에 검질긴 잡초weed 피를 뽑아버리는 일weeding을 말한다. 피는 생김새가 꼭 벼와 같아서 어릴 적엔 구별하기 아주 어렵다. 하지만 피를 골라잡아 다짜고짜로 제초하지 않으면 벼논이 피논이 되고 만다.

또 "피 다 잡은 논 없고 도둑 다 잡은 나라 없다" 하니, 논의 피는 뽑고 또 뽑아도 끝도 한도 없이 나오듯이 나라의 도둑도 기를 쓰고 잡아도 끝없이 생겨난다는 말이다. 얼마나 피란 잡초가 무서운가를 짐작케 하는 속담이렷다! 필자도 소싯적에 김매느라 고생깨나 했다. 억센 뿌리가 논바닥을 꽉 붙들고 놓지 않아 사람 질리게 했던 섬뜩한 식물이었다. 곡식은 품종을 개량하여 맥없고 연약하기 짝이 없는 데 비해 잡초는 가꾸지 않아도 저절로 나고 자라는, 생존력이 더없이 센 풀이다. 모름지기 대찬 잡풀처럼 키우고 살아갈지어다.

잡초를 그냥 두면 뿌리(거름) 싸움에서 곡식이 지는 것은 물론, 미리 이 잡듯 하지 않으면 무성하게 자라 햇볕을 가려 곡식을 죽인다. 실은 농사를 짓기 시작하면 무시무시한 벌레(곤충)와 잡초와의 목숨 건 싸움이 시작되니, 사람의 천적은 다름 아닌 벌레, 잡풀이라 농약과 제초제除草劑를 만들어 대항하기에 이른다.

제초제란 곡식은 상하지 않고 잡초만 잡는 데 쓰는 화학 약제로, '이사디(2, 4 - Dichlorophenoxyacetic acid)'가 김매기 약의 효시였다. 제초제는 식물에 닿은 부위만 죽이는 접촉성 제초제와 식물 체내에 흡수되어 잎, 줄기, 뿌리 대사를 못하게 하여 죽게 하는 침투성 제초제로 구분된다. 또 잡초가 발아하기 전에 살포하는 것과 자라고 있을 적에 뿌리는 것이 있다. 그런데 그 감사나운 피도 피만 못살게 하는 제초제에 맥을 못 추다니 참 좋은 세상이다! 진작 개발했다면 나도 그 개고생을 하지 않았을걸.

살충제殺蟲劑는 사람이나 농작물에 해가 되는 곤충을 죽이는 일종의 농약이다. 여러 종류의 살충제 중에서도 처음에는 유기염소제有機鹽素劑인 DDT(dichloro-diphenyl-trichloroethane)를 많이 썼는데, 저항성 해충이 발생하고 유익한 천적까지 죽이며, 사람과 가축, 어류, 농작물에 미치는 독기毒氣나 잔류 독성 때문에 지금은 사용이 완전히 금지되었다. 모든 농약이 독성이나 환경오염에 문제가 되자 딱 좋은 천연 식물성 살충제를 만들어 사용하는 중이라 한다.

살충제는 곤충의 호흡대사 일부를 방해하여 에너지를 얻지 못하게 하거나 신경흥분전달을 차단하고, 곤충의 표피 구성 성분인 왁스wax의 생성을 막으며, 질식시켜 죽이거나 날개 근육을 수축시켜 날지 못하게 하는 등 여러 방법으로 살충한다. 아무리 잔류 농약이 어쩌고 해도 제초제와 살충제에 감지덕지할 따름이다. 만에 하나 그것이 없었다면 잡초와 곤충에게 먹을거리를 다 빼앗길 뻔하지 않았는가. 무엇보다 시골에 노인만 남아 일손이 턱없이 모자라는 판이라 더욱 고마운 약제들이다.

피Echinochloa frumentacea는 벼과에 속하는 벼와 그린 듯이 쏙 빼닮은 1년생 초본식물로, 원산지는 인도로 추정한다. 예부터 한국, 인도, 중국, 일본 등지에서 끼니를 잇기가 어려웠던 시절, 쌀이 있기 전에 주식으로 삼았던 피였고, 나중에는 구황작물로 많이 재배하였다. 벼과 식물인 벼, 보리, 밀, 조, 옥수수 등은 우리의 주식을 담당하는 초본이다.

피는 환경에 적응을 잘해서 벼가 살지 못하는 간척지나 염분이 많은 엔간한 척박한 땅에서도 잘 자란다. 또한 벼가 자라기 힘든 산간지, 냉수답冷水畓 또는 냉수가 들어오는 논의 입구나 샘 둘레에서도 재배가 가능하다. 일언지하에 잡초 아니랄까 봐 지독히 메마른 환경에서도 적응하는 힘이 강해 아무 데서나 잘 사는 거칠고 검질긴 식물이다. 산이나 들에서 자연적으로 자라는 동식물을 야생종이라 하는데, 이 피들이야말로 야생종의 본보기(전형典型) 식물이라 하겠다.

피의 줄기는 길차게 자라 1미터에 달하고 곧추선다. 잎길이는 30~50센티미터, 너비는 2~3센티미터로, 가장자리에 잔톱니가 많이 난다. 꽃은 8~9월에 피며, 수술은 세 개, 암술은 한 개다. 7~10개로 분얼(分蘖, 포기치기)하며 여름에 이삭이 나온다. 지름 3밀리미터쯤 되는 둥근 종자는 윤기가 반드르르 도는 것이 어두운 갈색으로 익는다.

여기서 분얼이란 벼과 식물 줄기의 밑동 마디에서 곁눈이 발육하여 잎줄기를 형성하는 것을 말한다. 다시 말해서 뿌리에 가까운 줄기의 마디에서 가지가 갈라져 나오는 것을 말하며, 벼과 이외의 식물의 곁가지에 해당한다. 원줄기에서 제1차 분얼, 제1차 분얼에서 제2차 분얼, 제2차 분얼에서 제3차 분얼, 이런 식으로 커가면서 동심원으로 새순이 뻗어 나온다.

보통 피의 씨알을 한소끔 가볍게 쪄서 절구로 쓿어 먹는데, 단백질과 지방이 많아 영양가로는 쌀과 보리에 뒤지지 않지만, 소화 흡수율이 조금 떨어지고 맛도 좀 못하다. 밥에 섞어 먹거나 가루 내어 떡과 엿을 만들고, 밀가루와 섞어서 빵을 만들기도 하며, 또 된장, 간장과 소주, 맥주의 원료로도 쓰인다. 9~10월경에 뿌리 밑동을 베어내어 말린 다음 몇 줌씩 묶어서 가리(단으로 묶은 곡식이나 장작 따위를 차곡차곡 쌓은 더미)로 만들어 저장한다. 낟알은 새 모이로 쓰고, 짚은 부드럽고 칼슘이 많아서 겨울에 가축, 특히 말의 사료로 쓰인다고 한다.

지리산 피아골 단풍은 지리산 10경의 하나로 손꼽히는 곳이다. 옛날 이 일대에 식용피를 많이 재배했기 때문에 피밭(직전稷田)이 많아 '피밭골'이라는 이름이 생겼고, 이것이 변해 '피아골'이 되었다고 한다. 또 먼 옛날엔 피가 주식이었던 만큼 마을 주변에 피밭이 많이 있을 수밖에 없었고, 따라서 피와 관련된 지명으로 '피골(직동稷洞)', '피재(직치稷峙)' 등의 이름이 전국 곳곳에 남아 있다.

멸치 한 마리는 어쭙잖아도
개 버릇이 사납다

　"멸치 한 마리는 어쭙잖아도 개 버릇이 사납다"란 개에게 멸치 한 마리를 주는 것은 아깝지 않지만 그로 인해 개의 버릇이 사나워질까 걱정이라는 뜻으로, 물건이 아까워서가 아니라 버릇을 고치라고 나무라는 말이다. "개 꼬락서니 미워서 낙지 산다"란 개가 즐겨 먹는 뼈다귀가 들어 있지 아니한 낙지를 산다는 말로, 자기가 미워하는 사람에게 이롭거나 좋을 일은 하지 않겠다는 뜻이니 앞의 말과 일맥상통한다 하겠다. 그리고 "피라미만 한 것이 까분다" 하면 민물고기인 피라미를 '하찮은 존재'로 빗댄 것인데, 바닷고기로는 멸치가 이에 해당한다. 또 몸이 빼빼 마른 허깨비인 사람을 보고 "멸치 같다"고 한다.

　멸치*Engraulis japonicus*는 경골어류 청어목 멸치과의 바닷물고기

로 등은 짙은 푸른색이고, 배는 은백색이다. 몸은 작으나 그 생김새가 늘씬하며, 아래턱이 위턱보다 훨씬 짧다. 옆으로 납작하고, 입이 깊게 파여 아래 눈 안까지 파고든다. 다시 말해 눈이 머리 부위의 앞쪽에 치우쳐 있고, 입은 눈 뒤까지 크게 벌어져 있다. 또 꼬리지느러미가 두 갈래로 갈라지고 등지느러미가 한 개 있는 것이 같은 청어목에 드는 정어리와 매우 흡사하다.

최대 몸길이는 20센티미터까지 자라고, 주로 수표면과 가까운 곳에서 무리를 이루는데, 알에서 갓 깨어난 어린 물고기인 유어幼魚 때는 플랑크톤생활(부유생활)을 한다. 먹이로는 갑각류 또는 연체동물의 유생인 동물플랑크톤이나 대형동물플랑크톤, 그리고 다른 어류의 알 등이 있다. 산란은 봄, 가을에 두 번 하며, 수명은 2~3년 반이다. 멸치는 떼를 짓는 물고기 schooling fish로 태평양, 한국, 일본, 중국 근해에 살고, 대만에서 남사할린에 걸쳐 산란한다.

세계적으로 멸치속Engraulis 어류에는 8종이 알려져 있다. 보통 멸치를 안초비anchovy라 부르는데, 우리 멸치 말고도 페루나 브라질 앞바다의 페루멸치E. ringens, 호주멸치E. australis, 유럽멸치 E. encrasicolus로 크게 나뉘고, 이들은 매우 비슷하지만 다른 별종(이종異種)으로 본다.

유럽멸치는 1980년대에 해파리comb jelly들이 알이나 새끼를 마구 잡아먹어 개체 수가 급감했던 적이 있었다고 한다. 녀석은 4월에서 11월까지 두 번 산란하고, 산란 후 24~65시간 안에 부화한다. 유럽에서는 말려 먹기도 하지만 통조림으로 하거나 훈제, 냉동하여 먹는다. 암수의 비율은 수컷이 55퍼센트, 암컷이 45퍼센트로 암컷이 더 적다.

페루멸치는 한때 비료로 쓰였으나 근래 와서는 거의 모두 물고기 사료로 쓰이며, 단일 어류 품목에서 가장 많이 잡히는 어종으로 많게는 1년에 830만 톤이나 잡힌다고 한다. 그러나 1972년에 엘니뇨 탓에 갑자기 많이 줄어 큰 타격을 입은 때가 있었다.

멸치를 잡는 방법에도 여럿 있다. 멸치 떼가 이동하는 바다 길목에 미리 그물을 쳐놓아 잡는 '정치망(定置網, 자리그물)', 물고기 떼를 따라 다니면서 잡는 '유자망(流刺網, 흘림그물)', 원시어업인 '죽방렴竹防廉'이 있다. 죽방렴은 좁은 바다 물목(물이 흘러 들어오거나 나가는 어귀)에 대나무로 만든 그물(대발, 죽렴竹簾)을 세워놓고 물고기를 잡는데, 이렇게 잡은 것은 원형이 잘 보존되어 값을 최고로 친다.

멸치는 생태계의 먹이사슬에서 가장 앞자리에 있어서 개체 수가 많고, 따라서 해양생태계의 먹이사슬에 매우 중요한 위치를 차지하는 물고기다. 먹이사슬이 얽히고설킨 것을 먹이그물이라 하는데, 그 그물의 한 코 한 코가 중요하다. 만일 생태 그물코의 하나가 잘리거나 떨어져 나가는 날에는 여러 코가 연쇄적으로 풀려 그물이 망가지고 만다. 사실 사람 그물도 마찬가지라 어우렁더우렁 얽힌 인간관계를 가진 사람들이 건강한 인간생태계를 구성한다. '수지청즉무어水至淸則無魚 인지찰즉무도人至察則無徒'라, 물이 너무 맑으면 고기가 없고, 사람이 너무 따지면 친구가 없다 하지 않는가.

멸치의 천적은 갈매기와 같은 바닷새, 상어, 고래, 돌고래, 오징어 등속으로 잡아먹으려 들지 않는 동물이 없을 정도다. 다른 소형 어류처럼 멸치도 어마어마하게 빽빽하게 큰 떼를 지어 방향을 바꿔가며 도망친다. 그러나 내쫓기기만 하다가 힘에 부치는 놈들은 대열에서 떨어져 나가 잡아먹히고 만다. 아프리카 초원의 초식동물들이 사자 따위의 육식동물에 쫓기는 것과 다르지 않다. 암튼 "뭉치면 살고 흩어지면 죽는다"는 것은 만고의 진리다.

보통 멸치는 크게 다섯 가지로 구분하는데, 갓 부화한 것이 세細멸이고, 한여름에 쑥쑥 자라난 것이 자子멸, 소小멸, 중中멸이며, 아주 다 자란 것을 대大멸이라 한다. 세멸(1.5센티미터 이하), 자멸, 소멸은 주로 볶음에 쓰이고, 중멸은 조림용, 대멸(7.7센티미터 이상)은 국물용으로 쓰인다.

늦봄에서 이른 여름까지 멸치를 잡는다. 갓 잡은 싱싱한 멸치는 구이와 횟감으로 쓰지만 그건 소량이고, 대부분은 젓갈을 담거나 삶아 마른 멸치를 만든다. 누가 뭐라 해도 멸치는 칼슘의 대명사라 큰 생선 한 마리의 영양소가 작은 멸치에 다 들었다. 씹히는 멸치 대가리와 씁쓰름한 내장 탓에 일일이 배를 따지만 되도록 통째로 먹는 것이 옳다. 하여 그게 무슨 맛이 있냐면서 집사람은 된장국 등에 든 통멸치를 건져 버리지만, 필자는 아직도 물이 우러난 그놈을 매매 씹어서 잔뼈의 칼슘과 내장의 여러 양분을 먹는다.

멸치볶음은 반찬으로도 없어서는 안 된다. 또 대멸치를 버섯, 대파, 북어 대가리 등과 함께 오래오래 푹 끓여 감칠맛 나는 시원한 국물을 낸다. 집사람은 밥을 물에 말고 마른 중멸치를 고추장에 찍어 함께 먹기를 좋아한다. 어쨌거나 멸치가 없는 우리의 밥상은 상상조차 할 수 없다.

꼬투리를 잡다

　속담에 "눈에 콩깍지가 씌었다"고 하는데, 이는 사물을 정확하게 보지 못함을 이르는 말로, 흔히 사랑에 푹 빠져 죽고 못 살게 되어 눈에 뵈는 것이 없는 그런 사람을 놓고 어른들은 "콩깍지가 씌었다"고 한다. 깍지란 콩 따위의 꼬투리에서 알맹이를 까낸 껍질을 뜻한다. 다시 말해 콩꼬투리란 콩알이 들어 있는 콩의 껍질이고, 콩깍지란 콩을 털어내고 남은 껍질을 말한다. 정작 콩꼬투리나 콩깍지는 사람의 위쪽 눈꺼풀을 닮았다. 특히 콩꼬투리를 자세히 볼라 치면 천생 볼록볼록한 콩알은 눈알이고, 덮고 있는 꼬투리는 감은 눈꺼풀로 보인다.

　그런데 꼬투리가 있으면 당연히 그 안에 열매(알맹이)도 있었을 것이라는 데서, 꼬투리는 어떤 일이 발생한 빌미를 뜻하는 말로 쓰이게 되었다. 한 예로 "꼬투리를 찾다"란 어떤 사건의 실마리를 찾거나 단서를 캐낼 때를 말하고, "꼬투리를 캐다" "꼬투리를 잡다"도 이와 흡사히 쓰인다.

"콩 볶듯"이란 총소리가 요란하거나 사람을 달달 볶아서 괴롭힘을, "콩 튀듯"은 몹시 화가 나서 펄펄 뜀을, "콩과 보리도 분간하지 못한다"는 누구나 알 수 있는 것도 분간하지 못하는 어리석고 못남을 뜻하며, 그런 사람을 흔히 숙맥菽麥이라 하지. "콩 놔라 밭 놔라" "콩 심어라 팥 심어라 한다"란 대수롭지 아니한 일을 가지고 지나칠 정도로 시비를 가려 간섭함을, "콩 심은 데 콩 나고 팥 심은 데 팥 난다"는 모든 일은 근본에 따라 걸맞은 결과가 나타남을, 또 "콩으로 메주를 쑨다 하여도 곧이 듣지 않는다"란 아무리 사실대로 말하여도 믿지 아니함을, "콩을 팥이라고 우긴다"는 사실과 다른 주장을 막무가내로 내세워 억지 부림을, "콩을 팥이라 해도 곧이듣는다"는 남의 말을 곧이곧대로 잘 믿음을 뜻하는 말이다.

"콩가루가 되다"라 하면 어떤 물건이 부서지거나 집안이 폭삭 망함을, "가뭄에 콩 나듯"이란 가뭄에는 심은 콩이 드물게 나듯 어떤 물건이 드문드문 있음을, "늙은 말이 콩 마다할까"란 어떤 것을 거절하지 않고 오히려 더 좋아함을, "번갯불에 콩 볶아 먹겠다"란 행동이 매우 민첩함을, "노굿이 일다"란 콩이나 팥 따위의 꽃이 핌을 빗대 이르는 말이며, "콩 한 쪽도 나눠 먹는 사이"란 서로 아주 가까운 관계를 일컫는 말이다.

콩*Glycine max*은 쌍떡잎식물로 콩과의 한해살이풀이고, '대두大豆'라고도 하며, 속명인 *Glycine*은 간단한 아미노산 이름이다. 중국, 한국, 일본을 포함하여 동아시아를 원산지로 추측하고 있다. 현재 미국에서는 유전자변형식품, 즉 유전자조작gene manipulation 콩이 거의 100퍼센트라고 한다.

앞서 말했듯 콩과科 식물의 뿌리에는 많은 뿌리혹이 붙어 있고, 그 안에는 질소고정세균이 한가득 들어 있다. 세균들은 공기 중의 질소를 고정하여 숙주식물이 단백질을 합성하게끔 원료로 제공하고, 식물에서 삶터와 당분을 얻는 대표적인 공생관계이다. 탄수화물과 지방은 탄소, 산소, 수소로 이루어졌으나 단백질은 거기에 질소가 더해진다. 공중질소고정 과정을 간단하게 요약하자면, 공기 중의 유리 질소를 암모니아로 만들고, 이어서 암모니아를 수소와 결합시켜 암모늄을 만드니 드디어 식물이 그것을 흡수한다.

꼬투리나 잎줄기에는 자잘한 톱니가 촘촘히 덮여 있고, 잎은 세 장의 소엽으로 된 삼출엽三出葉으로 소엽은 달걀형이거나 타원형이다. 꽃은 7~8월에 자줏빛이 도는 흰색 또는 붉은색으로 피고, 종 모양인 꽃받침은 끝이 다섯 개로 갈라진다. 꽃부리는 나비 모양이며, 수술은 열 개다.

콩꼬투리 하나에 콩알이 2~4개 담기며, 푹 영글면 꼬투리가 터져서 종자를 멀리 흩어지게 하는 협과다. 콩 껍질은 매우 단단하고 치밀하여 물이 들어가지 못하고, 오직 종자 한가운데에 자리 잡은 배꼽 한쪽 끝의 아주 작은 구멍으로만 물을 흡수하여 발아한다.

콩에는 비타민 B_1, B_2, B_3(나이아신)과 무기질, 섬유소 등이 있다. 일부 비타민 A, D가 들어 있으나 비타민 C는 거의 없고 콩나물로 발아하는 사이에 비타민 C가 풍부해진다. 콩은 단백질 35~40퍼센트, 지방 15~20퍼센트, 탄수화물 30퍼센트가량으로 구성되어 있으며, 우리 몸에서 합성하지 못하는 필수아미노산을 모두 가지고 있다.

콩에 들어 있는 오메가3 지방산(불포화지방산의 일종)인 리놀렌산은 항산화제로 작용하여 암을 줄이고, 당뇨를 최소화시킨다. 소염을 줄이는 피트산이 있고, 제니스테인genistein 또는 다이드제인daidzein이라는 식물성 에스토로겐 호르몬인 이소플라본isoflavone이 가득 들어서 여성에게 좋다. 또 검은콩 껍질에는 노란콩에는 없는 글리시테인이라는 항암물질이 있다 한다.

우리나라에는 콩 제품으로 콩나물, 두부, 된장, 청국장, 막장, 두유, 콩기름 등이 있는데, 특히 콩나물은 우리나라에서만 만들어 먹는 고유한 식품이다. 또 청국장에는 간균桿菌의 일종인 낫토균Bacillus natto이 번식하여 끈끈하면서 특유의 향기가 난다. 일본에도 우리나라 청국장과 비슷한 낫토(납두納豆)가 있으니 이는 종명 natto를 따서 붙인 것이다.

청국장과 낫토의 콩알을 집으면 하나같이 점액질의 가냘픈 끈끈이 실을 내는데, 이 실은 아미노산인 글루탐산과 과당의 중합물인 프룩탄fructan이 엉긴 것이다. 또한 낫토균은 간장용 메주를 발효시키는 짚이나 풀에 많이 묻어 있는 고초균Bacillus subtilis과 매우 가까운 호기성 세균이다.

콩이 자라면서 줄기가 어느 정도 뻗으면(꽃 피기 전) 순지르기를 해준다. 줄기 끝을 잘라주면 아래에서 새 줄기가 더 나와 꽃이 많이 핀다. 그리고 말했다시피 수확이 늦어지면 콩꼬투리가 가을볕에 바짝 마르면서 콩깍지가 탁 터져 배배 말라 비틀어지고 콩알이 땅바닥 멀리까지 튀어 또르르 굴러간다. 그것은 탄성을 이용하여 종자를 멀리멀리 퍼뜨리는 수단으로 봉숭아 열매도 마찬가지다.

어릴 때 말장난을 했던 기억이 문득 떠오른다. "저기 저 콩깍지 깐 콩깍지인가, 안 깐 콩깍지인가?" 소리 내어 빠르게 따라 읽어볼 것이다. 또 "저 말말뚝 말 맬 만한 말뚝인가, 말 못맬 만한 말뚝인가?"

오뉴월 똥파리 끓듯

"안다니 똥파리"라거나 "알기는 오뉴월 똥파리로군"이라 하면 사물을 잘 알지도 못하면서 이것저것 아는 체 재는 사람을 비꼬는 말이다. 여기서 '안다니'란 무엇이든지 잘 아는 체하는 헛똑똑이를 일컫는 말이다. 또한 "아는 데는 똥파리"라거나 "오뉴월 똥파리 끓듯"이란 멀리서도 먹을 것을 용케도 잘 알고 달려드는 사람이나 몹시 시끄럽고 성가시게 구는 사람을 비꼬는 말이다.

그리고 똥파리 사촌이라 할 수 있는 쉬파리flesh fly에 얽힌 속담을 함께 본다. "쉬파리 똥 갈기듯 한다"는 주책없이 무책임한 짓을 함을, "쉬파리(구더기) 무서워 장 못 담글까"라거나 "장마가 무서워 호박을 못 심겠다"는 다소 방해되는 것이 있다 하더라도 마땅히 할 일은 하여야 함을, "동네 쉬파리 모여들듯"은 음식을 했을 때 사람들이 우르르 떼거리로 모여듦을, "썩은 생선에 쉬파리 끓듯"이란 먹을 것이나 이익이 생기는 곳에 어중이떠중이가 자꾸 모여듦을, "천리마 꼬리에 쉬파리 따라가듯"이란 쉬파리가 천리마 꼬리에 붙어서 먼 곳까지 간다는 뜻으로, 자기는 하는 일 없이 남의 덕이나 세력에 빌붙어 다니며 사는 모양을 빗댄 말이다. 똥파리와 쉬파리는 사람들에게 된통

얄밉게 보인 놈이라는 점이 속담 속에 한껏 묻어 있다.

똥파리는 곤충강 쌍시목(파리목) 똥파리과의 전형적인 곤충이다. 똥파리는 숲이 우거진 산에서 이른 봄과 초가을에 많이 발견되며 동물과 사람의 똥에도 모여든다. 높은 산에서 대변을 보면 낌새를 채고 느닷없이 달려드는 바로 그놈이다. '쌍시雙翅'란 파리, 등에, 모기 등이 속한 곤충의 한 분류로, 두 쌍의 날개 중에서 뒷날개가 몽땅 퇴화하여 앞날개 한 쌍만 남았다는 뜻이다. 영어로는 '디프테라diptera'라고 하는데, 디di는 '둘', 프테라ptera는 '날개'를 뜻한다.

몸길이는 10밀리미터쯤이며, 더듬이는 짧고 채찍 모양이다. 가슴등판의 양쪽은 짙은 색을 띠고, 등줄 가운데 센털(강모剛毛)과 날개 가두리(언저리)의 센털은 검고 길게 뻗어 있으며, 넓적다리마디에도 털이 많이 난다. 배는 여섯 마디로 구분되고 각마디의 끝 쪽 가장자리에 짧은 털이 세로로 배열되어 띠를 두른 것 같다.

똥파리는 세계적으로 66속에 500여 종이 있으며, 몸 색깔은 노란 것에서부터 검은색으로 다종다양하다. 똥파리는 다른 곤충을 잡아먹으며, 먹잇감이 없으면 같은 똥파리를 잡아먹는 무리도 있다 한다. 말해서 종족을 먹는 카니발리즘cannibalism이다. 그리고 말, 소, 양, 사슴, 산돼지 등의 배설물에 달려들어 거기에 산란한다. 짝짓기는 20~50분간 계속하며, 똥에 낳은 알은 하루 이틀 사이에 부화하고, 구더기(파리의 유충, 가시)는 똥을 먹고 자란다. 10~20일을 자라 흙 속으로 들어가 번데기가 되고, 10일 후에 날개돋이(우화羽化)를 하며, 수명은 1~2개월이다.

다음은 쉬파리 이야기다. 역시 곤충강 쌍시목 쉬파리과로 세계적으로 108속, 2500여 종이 있어 똥파리보다 훨씬 종이 많다. 몸길이는 6~19밀리미터이고, 일반적으로 암컷이 수컷보다 크다. 겹눈이 붉고, 얼굴과 뺨은 황금빛 비늘가루로 덮였다. 날개는 투명한 막질膜質이고, 날개맥(시맥翅脈)은 흑갈색이다.

쉬파리 역시 뒷날개가 변형되어 평형곤平衡棍으로 되어 있다. 다리 세 쌍은 검은색으로 짧은 털로 덮였으며 긴 센털도 나 있다. 배마디는 일곱 마디이고, 끝의 두 마디는 생식마디로 되었다. 구더기는 다른 구더기를 잡아먹기도 하고, 문둥병(나병)에 걸린 사람의 상처 부위를 즐겨 찾기에 문둥병을 옮기는 수도 있다.

녀석은 썩은 고기나 인분人糞, 동물의 똥에서 발생한다. 그런가 하면 시장에서 갓 사온 고기나 생선 위에 새끼를 까는 놈도 있다. 다른 말로 쉬파리는 난태생을 하기에 알 대신에 구더기를 낳는다. 또 어떤 종은 나방이나 나비의 유충에 쉬를 슬어(파리가 알을 낳아) 그 유충을 죽여 파먹고 들어가 그 속에서 발생(기생)하는 것도 있고, 구더기증(승저증蠅疽症)을 일으키는 종류도 있다.

세상에 이런 뜬금없는 거짓말 같은 일이 있담. 구더기증이란 쇠파리, 쉬파리, 금파리의 구더기가 포유동물(털 짐승)의 피하조직을 속속들이 거덜을 내는 병이다. 다시 말해, 가축이나 야생동물의 털뿌리에 쉬를 슬어 알에서 깬 구더기가 억척스럽게 야문 가죽을 뚫고 들어가 피하조직에서 자라는 것이다. 구더기증을 뜻하는 'myiasis'의 'myia'는 그리스어로 '파리가 쉬를 슨'이란 뜻이고, '~sis'는 '병적 현상'을 이르는 말이다. 호주와 뉴질랜드 목장의 양들이 구더기증에 많이 걸려 무척 골치를 앓는다고 한다.

알은 여덟 시간이면 부화하고, 부화한 구더기(유충)는 주둥이로 살갗에 상처를 내어 녹이면서 야금야금 파고든다. 번데기가 될 무렵 가죽을 뚫고 나옴으로써 가죽에 뻥 구멍을 내 못 쓰게 만들뿐더러 출혈까지 일으킨다. 또 이 상처 난 자리에 세균이 침입해서 헐게 되면 심한 피부병이 생긴다.

쉬파리의 유충은 숙주인 포유동물의 피하조직을 파먹으며 번데기가 될 때까지 기생한다. 주로 상처 부위에 알을 슬지만 싱싱한 가죽에 낳은 알도 구더기가 되어 거리낌 없이 뚫고 든다. 한편, 입술에 낳은 알은 부화하여 위胃로 들어가고, 질膣이나 코, 귀로도 침입한다. 그런데 쉬파리가 마냥 기승을 부리는 열대지방에서는 가축은 물론이고 사람도 속절없이 구더기증에 걸리는 곳이 허다하다고 한다.

그리고 사체에서 발견되는 쉬파리도 날아드는 순서가 있기 때문에 사체에서 수거한 곤충을 분석하여 사망 시점을 알아내는 것이 바로 법의곤충학法醫昆蟲學이다. 사체의 부패 속도(정도)에 따라 청파리, 금파리, 쉬파리 순으로 날아든다.

쉬파리과의 일종인 붉은볼기쉬파리는 된장, 간장, 고추장 항아리 주변에서 맴돌다가 이때다 싶으면 잽싸게 독에 구더기를 슬어버리니 이내 구더기들이 들끓는다. 쉬파리와 마찬가지로 털 많은 짐승의 살가죽에 쉬를 슬어 구더기증을 일으키는 해충이다. 또 이들은 해변이나 어촌의 건어물을 말리는 곳에 잔뜩 모이며, 특히 오징어 건조장에서 많이 발견된다.

좁쌀에 뒤웅 판다

조의 열매를 찧은 쌀을 좁쌀이라 하고, 좁쌀은 곧잘 잘고 좀스러운 사람이나 물건을 비유하는 데 쓰인다. "좁쌀만큼 아끼다가 담 돌만큼 해들 본다"란 미리미리 손을 보면 될 것을 그냥 내버려두었다가 더 큰 손해를 봄을 비꼬는 말로, "기와 한 장 아끼다가 대들보 썩힌다"와 맞먹는 말이다. "좁쌀 썰어 먹을 놈"이라 하면 성질이 아주 꾀죄죄한 사람을, "좁쌀에 뒤웅 판다"란 좁쌀을 파서 뒤웅박(박을 쪼개지 않고 꼭지 근처에 구멍을 뚫어 속을 파낸 바가지)을 만든다는 뜻으로, 가망이 없는 일을 하는 것을, "좁쌀 한 섬 두고 흉년 들기를 기다린다"란 변변하지 못한 것을 가지고 남이 아쉬운 때를 기회로 삼아 큰 이득을 보려고 함을, "진창길에 흘린 좁쌀 줍기"란 질퍽한 진창길에서 그 작은 좁쌀을 줍는다고 하니, 찾아내거나 얻어내기가 몹시 힘든 경우를 뜻하며, "관청 뜰에 좁쌀을 펴놓고 군수가 새를 쫓는다"란 할 일이 너무 없어서 일부러 일감을 만들어 심심풀이를 함을 비꼬는 말이다. 그리고 조에 얽힌 속담 중에 "조 한 섬 가진 놈이 시겟금 올린다"란 것이 있으니, 좁쌀을 불과 한 섬밖에 가지지 못한 자가 시장에서 파는 조(곡식)의 금(시세)을 잔뜩 올려놨다는 뜻으로, 대단치도 않은 인물이 부정적 영향을 미치는 것을 비난함을 빗대는 말이다.

조Setaria italica는 외떡잎식물 벼과의 한해살이풀이다. 속명 Setaria는 라틴어의 'seta(센털)'에서 유래하는데 '이삭에 털이 숱하게 많다'는 뜻이고, 종명의 italica는 '이탈리아산'을 뜻하니, 조를 '이탈리안 밀릿italian millet'이라고 하며, 조 이삭이 여우 꼬리를 닮았다 하여 '폭스테일 밀릿foxtail millet'이라고도 한다. 또한 '밀릿millet'은 수수, 기장, 조 따위를 묶어 이르는 말이다. 중국 또는 인도가 원산지이며, 그 본바탕은 강아지풀S. viridis로 본다.

다시 말하여 강아지풀이 조의 원조다! 강아지풀과 조의 속명이 하나같이 Setaria인 것은 두 식물의 가까운 관계를 뜻한다. 당연히 강아지풀도 외떡잎식물 벼과의 한해살이풀로, 두 식물은 크기는 달라도 겉모습이 빼닮았다. 강아지풀을 '개꼬리풀'이라고도 하는데 한자로는 구미초狗尾草다. 실은 구미초를 한자

뜻 그대로 풀이하여 개꼬리풀이라 했을 것이다. 솔직히 말하면 우리의 동식물명은 일본이나 중국의 것을 그대로 받아 해석해 쓴 것이 아주 많다. 생물만이 아니라 학문도 짙은 농도에서 옅은 농도로 확산하는 것이니 어쩔 수 없는 노릇이다.

그건 그렇다 치고, 센털이 그득 난 영근 강아지풀 이삭 하나를 잘라 손바닥 위에 올려놓고 '오요요' 강아지 부르듯 하면서 좌우로 흔들면 놓인 방향에 따라 이삭이 가까이 오기도 하고 멀리 기어가기도 한다. 하여 강아지풀 이삭은 들판에서 얻을 수 있는, 말 그대로 그럴듯한 '자연 장난감'인 셈이다.

조의 줄기는 둥글고 속이 꽉 차며, 키는 어림잡아 1.5미터다. 잎은 대나무 잎을 닮은 바소꼴이고, 가장자리에 잔 톱니가 많으며, 잎의 맨 아래는 잎집(엽초葉鞘)으로 싸인다. 잎집이란 잎자루가 칼집 모양으로 줄기를 싸고 있는 것을 말하며, 이것은 벼과 식물의 특징 중 하나로 서로 사뭇 다르지 않다.

꽃이삭은 길이가 15~20센티미터 남짓으로 영글면서 나름대로 고개를 숙인다. "벼 이삭은 익을수록 고개를 숙인다"고 하듯이 말이지. 열매는 2밀리미터의 작은 낟알로, 먹을 수는 있으나 깔끄럽고 맛이 떨어지는 편이다. 보통 보리 이삭이 패기 전에 보리 고랑 사이에 조의 씨를 뿌리며, 보리를 수확하고 나면 제대로 햇빛을 받으면서 쑥쑥 자란다. 어떻게 하든 좁은 땅에 여러 번 곡식을 심는 지혜로운 우리 조상들이다. 옥수수 밭고랑에 들깨를 심고 키워 다모작을 하는 것도 마찬가지다. 이어짓기에도 잘 견디지만 걸러짓기(윤작輪作)를 하는 것이 더 좋다.

조는 피와 함께 재배의 역사가 정작 아주 오래되었다고 한다. 옛날부터 인도 남부에서는 주식으로 먹어왔다고 하고, 중국에서는 이미 예부터 콩, 벼, 보리, 밀과 함께 오곡의 하나로 취급했다. 원체 지지리도 못살아 먹을 것이 태부족했던 우리나라에서는 목숨을 부지하기 위한 구황작물로 예로부터 귀하게 여겼고, 한때는 보리 다음으로 많이 재배한 밭작물이었으나 과거 20년간 면적이 99퍼센트나 감소했다고 한다. 질리게도 곤궁한 삶을 살아 삼시세끼 얻어먹는 것도 그렇게 어려워 골수에 사무치도록 원통하고 절통한 때가 있었으니……. 내남 할 것 없이 먹을 것이 차고 넘치는 요새 사람들은 더할 나위 없는 호강에 겨웠다 하겠다.

우리 집사람도 가끔 밥에 노란 알찬 좁쌀을 조금씩 얹어준다. 밥에 섞어 먹는 것 말고도 엿, 떡, 과자, 양조 원료, 새 모이로 쓰고, 더구나 조의 줄기는 가축 사료나 지붕을 이는 데 썼다. 또 씨앗의 찰기에 따라 차조와 메조로 나뉘며, 조를 먹을거리로 이용한 것은 두말할 것도 없고 하물며 민간약으로도 이용하였다 한다. 『본초강목本草綱目』을 비롯한 옛날 문헌에서는 "좁쌀 뜨물은 위로는 토하고 아래로는 설사하면서 배가 질리고 아픈 병인 토사곽란吐瀉癨亂이나 가슴이 답답하고 열이 나며 목이 마르는 증상인 번갈煩渴을 그치게 한다"고 하였다.

그리고 생김새가 조와 흡사하지만 보다 낟알이 작은 '기장'이란 곡식을 들어봤을 것이다. 기장 역시 외떡잎식물 벼과의 한해살이풀로 열매 씨알이 아주 작은 곡물 중 하나다. 오곡밥(찹쌀, 기장, 찰수수, 검정콩, 붉은팥)에 빠지지 않으며, 노란 빛깔로 식욕을 돋운다. 알곡은 익어 바짝 마르면 떨어지기 쉽고 쓿으면 조와 비슷하다. 우리는 변변찮은 별미로 기장밥이나 떡을 해 먹고, 중국 동북부에서는 황주黃酒를 담그며, 유럽에서는 껍질째 부수어서 돼지hog에게 먹였으므로 '호그 밀릿hog millet'이라 부른다. 암튼 이들 덕에 조상들이 죽지 않고 살아남았으니 고마운 곡식들이다! 하여 후사(후손)를 이어준 탓에 나도 이 세상에 왔던 것! 하긴, 머물 날이 얼마 남지 않았지만 말이지……

초물 부추는 사촌도 안 주고 맏사위만 준다

"초물 부추는 사촌도 안 주고 맏사위만 준다"고들 한다. 엄동설한을 이겨내야 매화꽃이 그윽한 향기를 풍기듯이 꽁꽁 언 거친 동토凍土에서 아린 겨울을 보낸 부추 뿌리에서 새로 돋는 야들야들한 진초록의 맏물(애벌) 새 움(싹)이 몸을 보保하지 않을 수 없을 터다.

사람도 찰가난에 궁박하게 호된 고생을 하면서 살아봐야 사람 향을 풍긴다고 한다. "꽃 향기는 백 리를 가고(화향백리花香百里), 술 향은 천 리를 가며(주향천리酒香千里), 사람 향기는 만 리를 간다(인향만리人香萬里)"란 말이 있다 하지 않는가. 자주 경험하는 일이지만 어려서 너무 찌들게 살아 심성이 배배 꼬이거나 비틀어진 사람은 사람 냄새가 메말랐더라. 받기만 하고 베풀 줄 모르는 거지 근성을 가진 체면치레 못하는 무뢰한들 말이다.

암튼 사람들이 약초나 약과를 들쑥날쑥 모나고 단단한 못난이 야생종에서 찾으니, 식물도 지극히 어려운 환경에 놓이면 살아남기 위해 여러 특수한 저항 물질을 만들기 때문이다. 하여 '초물 부추'나 '야생의 것'이 사람 건강에 좋다는 것은 일리가 있다 하겠다.

게다가 부추는 누가 뭐래도 퍽이나 알아주는 파워푸드요, 더할 나위 없는 슈퍼푸드로 칭찬이 자자하다. 한자 이름이 양기를 세게 북돋아주는 기양초起陽草, 장양초壯陽草라는 것만 보아도 부추가 정력에 좋은 강장 채소임을 알 수 있다. 오죽하면 부추를 먹고 소변을 누면 벽이 뚫린다고 벽파초壁破草라 했겠는가. 더구나 어떤 이는 부추를 짓궂게 '천연 비아그라'라 부르던데 지나치게 부풀린 말은 아닐 성싶다.

알다시피 우리나라 사찰에서 특별히 금하는 음식으로 오신채五辛菜가 있으니 마늘Allium sativum, 파A. fistulosum, 부추A. tuberosum, 달래A. monanthum, 흥거Scilla scilloides(마늘과 비슷한 백합과의 여러해살이풀) 다섯 가지다. 흥거를 빼고는 모두 파속Allium이며, 죄다 자극성이 있고 톡 쏘는 냄새가 나는 것이 특징이다. 그리고 오신채의 '신辛'은 단지 매운맛을 의미하는 게 아니라 양기를 실컷 성하게 하는 기능이 있음을 뜻한다. 우리나라 절에서는 양파A. cepa

도 먹지 못하게 하니 그 또한 파속 식물이다. 다시 말하지만, 오신채를 절에서 엄금하는 것은 그것들이 성내는 마음을 일으키고, 음심淫心을 일으킨다고 그런다.

그런데 이날 입때껏 지방마다 써온 부추의 지방 사투리(향어 鄕語)가 있으니, 경남에서는 소풀, 경북에서는 정구지, 전라도에서는 솔, 충청도에서는 졸, 경기도에서는 부추로 각각 다르게 부른다. 이를 하나로 통일하여 표준어에 해당하는 우리말 이름을 정했으니 그것이 '부추'다. 실제로 이렇게 같은 나라 사람끼리도 헷갈리기에 국명國名을 정해놓지 않으면 서로 말이 통하지 않는다. 또한 생물의 이름을 라틴어로 써서 세계 만국 공통어처럼 쓰고 있는 것이 학명이다. 부추의 학명은 *Allium tuberosum*로 세계인이 다 알아차린다. 하여 학명이 없는 생물이 있다면 그것은 신종이다.

부추는 외떡잎식물 백합과에 속하며, 정확지는 않지만 히말라야나 그곳과 가까운 중국 일부를 원산지로 보며, 거기서 시작하여 온 세상으로 퍼져나갔다 한다. 세계적으로 400여 종이 있고, 재배종 말고도 우리나라 산에는 산부추*A. thunbergii*가 자생한다.

필자도 몹시 가파른 텃밭에 스무여 무더기를 심어 키우는지라 나름대로 그들의 생태를 꽤나 아는 편이다. 수염뿌리가 아주 세게 얽혀 뻗고, 대개 봄부터 가을까지 주체 못할 정도로 싱싱하게 자라므로 자라는 족족 3~4회 연거푸 베어 먹으며, 최대한 흙바닥과 가까이 밑동을 자른다. 뿌리줄기를 포기나누기하거나 씨앗으로 번식하는데, 일단 자리를 잡으면 드세게 뒤엉겨 나므로 3~4년마다 포기나누기를 하는 것이 좋다.

잎은 얄팍한 것이 속이 찼고(같은 속의 파나 양파들은 속이 비어 있다) 들풀을 닮았으며, 길이 15센티미터에 너비는 보통 0.3밀리미터로 달짝지근하면서 특유의 알싸한 냄새가 난다. 짙은 녹색으로 부드럽고, 끈처럼 생긴 것이 2~8장이 다붓하게 뭉쳐난다. 겨울엔 잎이 모두 죽어버리고 뿌리줄기만 남아 월동한다.

줄기는 비늘줄기(인경鱗莖)로, 가운데에 있는 짧은 줄기의 둘레에 변형된 여러 층의 비대해진 잎이 빽빽이 둘러싼다. 또 줄기 끝에 생장점이 있어서 부추의 잎과 꽃대가 자라 나온다. 향기로운 별 모양의 꽃은 벌이나 나비를 끌고, 늦여름이면 잎보다 훨씬 긴 꽃대가 포기마다 멀쑥하게 목을 빼고 길게 치솟는다. 그 끝에 봉싯한 꽃송이들이 한가득 피니, 암술은 하나, 수술은 여섯 개이고 꽃잎은 여섯 장이다. 거꾸로 된 심장형인 깨알만 한 검은색 종자 여섯 개를 품은 모난 열매는 익으면 말라 쪼개지면서 씨를 퍼뜨리는 삭과다.

부추는 비타민의 보고라고 할 만큼 비타민 A, C, B$_1$, B$_2$ 등이 많이 들어 있다. 부추의 자극적인 냄새는 황黃화합물인 황화메틸methyl sulfide이나 이황화물disulfide로 말미암은 것으로 곰팡이나 세균의 번식을 막는다. 또 항암 작용이나 혈액순환을 촉진시키며, 육류의 잡내를 없앤다. 한방에서는 건위健胃, 정장整腸에 쓰이며, 화상을 입었을 때에도 쓴다. 중국에서 부추 씨는 피로 회복, 노화 방지, 면역력 항진에 쓰이고, 최음제로도 사용한다고 한다.

우리가 먹는 부추 요리도 참 많으니, 잡채, 무침, 부침개, 겉절이, 김치, 장아찌, 즙은 물론이고 보신탕이나 추어탕에도 빠지지 않는다. 어디 그뿐인가. 살짝 데쳐 나물로 무치거나 국 건더기로도 사용하고, 오이소박이, 만두소에도 들어간다. 또 재첩국을 끓이는 데 필수적이다. 재첩국은 민물과 짠물이 섞이는 곳에 사는 재첩을 잡아, 재첩 삶은 국물에 재첩 살만 발라 넣고 송송 썬 부추를 넣어 한소끔 끓인 후 소금 간한 것으로, 부산에서는 '재치국'이라고도 한다. 낙동강 하류의 재첩이 멸종함에 따라 요새는 경상남도 하동 지방의 재첩이 이름을 날리는데, 별미 음식으로 말갛고 희뿌연 국물 맛이 일품이라 시원하게 속을 푸는 데 널리 애용되고 있다.

먼 데 단 냉이보다 가까운 데 쓴 냉이

"먼 데 단 냉이보다 가까운 데 쓴 냉이"란 먼 데 있는 친척보다 가까이에 있어 사정을 잘 알아주는 남이 더 나음을 뜻하는 속담으로, '이웃사촌'과 비슷한 말이다. "먼 일가와 가까운 이웃" "가까운 남이 먼 일가보다 낫다" "먼 사촌보다 가까운 이웃이 낫다" "먼 데 일가가 가까운 이웃만 못하다" 역시 모두 같은 의미로 오로지 가까이 지내는 이웃이 먼 데 사는 일가보다 나음을 이르는 말이다. 그런가 하면 동포나 가까운 이웃, 친척끼리 서로 해치려 함을 비유적으로 "살이 살을 먹고 쇠가 쇠를 먹는다"고 한다.

냉이*Capsella bursa-pastoris*는 쌍떡잎식물 십자화과 식물로 두해살이풀 또는 여름형 한해살이다. 가을에 발아하여 월동하고 이듬

해 3월 입새(초입)경에 솟아나는 두해살이와, 이른 봄에 앞다투어 싹이 터서 속성으로 생장, 생식, 결실을 마친 뒤 여름이 되기 전에 저절로 말라 죽는 한해살이가 있다. 이들 중에는 세대가 짧아서 환경이 맞으면 발아 후 6주 안에 부랴부랴 꽃이 활짝 피고 튼실한 종자를 맺으며 단숨에 한 해에 세 번을 번식하는 것도 있다.

　동유럽이나 터키 근방을 원산지로 보며, 한국을 비롯하여 세계의 온대지방에 분포하고, 우리나라는 전국에 자생한다.

꽃잎 네 장이 십+ 자 모양으로 붙어서 '십자화+字花'라 부르며 배추, 무, 유채, 겨자 등이 여기에 속한다. 다시 말해, 꽃잎을 세로와 가로로 이어보면 그것이 십자형이 된다. 또한 속명 *Capsella*와 종소명 *bursa-pastoris*는 '양치기 지갑shepherd's purse'이란 뜻인데, 이것은 열매가 목동의 지갑을 닮아 붙은 이름이라 한다. 또 '목자의 가방'이라고도 하니, 이는 열매 주머니 모양이 삼각형(심장형)이라 성직자인 목자가 들고 다니던 가방처럼 보여 붙은 이름이라고도 한다.

냉이는 밭, 밭두렁, 논두렁, 들녘, 농촌 길가 등 아무 데서나 빽빽이 자라고, 식물 전체에 온통 털이 나며, 줄기는 곧추서고, 키는 10~50센티미터다. 잎은 어긋나며, 위로 올라갈수록 작아지면서 잎자루가 없어진다. 잎줄기가 하나같이 방사상(수평)으로 땅 위에 바짝 엎드려 편평한 장미꽃 모양인 로제트rosette형이다. 잎은 막 났을 때는 혀 모양이지만, 자라면서 거친 톱니가 생긴다.

5~6월에 흰색 꽃이 무리 지어 피는데 꽃 중심축에 꽃대가 있고, 꽃자루(화경花梗)가 짧으며, 모든 꽃자루의 길이가 거의 같은 총상꽃차례(총상화서總狀花序)이다. 혀 모양의 꽃잎이 네 장이고, 꽃받침은 네 개로 타원형이다. 수술 여섯 개 중 네 개가 길

고, 암술은 하나로 자가수정自家受精을 한다.

열매 주머니는 5밀리미터 크기로 방이 둘이고, 종자는 보통 스물다섯 개쯤 들었으며, 익어서 마르면 저절로 터져 산포散布한다(흩어져 퍼진다). 염색체 수는 2n=16이나 배수체(32)도 있다. 열매는 편편한 삼각형으로 매끈하며, 열매자루(과병果柄)를 흔들면 사각사각 소리가 난다. 식물체 한 포기당 자그마치 3000~2만 개의 씨앗을 맺고, 씨는 흙에서도 여러 해 죽지 않고 기어이 견뎌낸다.

어쩌면 참 신비롭고 오묘한 일이 다 있담!? 냉이 씨앗은 물에 젖으면 끈적끈적한 점액 물질을 분비하는데, 그것을 먹으러 달려든 곤충은 그 점액에 붙어 끝내 죽고 만다. 단백질의 질소 성분이 많이 든 곤충은 냉이 씨가 발아할 때 썩어 푸진 양분으로 쓰이므로, 냉이를 벌레를 잡아먹는 준식충식물準食蟲植物로 취급한다. 그리고 그 점액 물질은 독성이 있어서 모기 유충인 장구벌레가 있는 곳에 집어넣으면 벌레가 죽는다. 또 냉이는 염분을 많이 흡수하기 때문에 토양의 염분을 줄이기 위해 일부러 심는다.

유독 한국이나 중국, 일본에서 봄나물로 많이 먹는다고 한다. 한국에서는 이른 봄에 냉이를 캐 나물로 무쳐서 먹거나 된장국 등을 끓여 먹는다. 냉이 향은 단순한 냉이의 냄새가 아니라 '봄의 향기' 그 자체다. 인삼 냄새(사포닌) 비슷한 그 향기 말이다! 어린순과 잎은 물론이고 뿌리도 식용하니, 익힌 것은 달콤한 맛을 풍긴다.

그뿐만 아니라 한의학에서는 냉이의 모든 부분(제채薺菜)을 약재로 쓰는데, 꽃이 필 때 채취하여 햇볕에 말리거나 생풀로 쓴다. 이뇨, 지혈, 해독, 비위脾胃, 허약, 당뇨병, 소변불리, 토혈, 코피, 월경과다, 산후출혈, 안질 등에 처방한다. 또 혈압을 낮추고, 자궁을 수축하며, 생리통에도 좋다 하는데 임신한 산모는 냉이를 먹지 말아야 한다. 비타민 A, B_1, B_2, C, K가 많이 들었고, 칼슘, 칼륨, 인산 등의 무기염류가 풍부하다고 한다. 그래서 겨우내 싱싱한 채소를 먹지 못했던 옛날엔 냉이를 봄나물로 알아줬던 것이다.

'미기후微氣候' 이야기를 조금 보탠다. 한여름에 나무 그림자에 들면 서늘하지만 밖은 덥고, 태양열을 고스란히 받는 양달은 기온과 지온이 높으나 응달은 낮다. 내리 찬바람을 받는 곳과 가림막이 있는 곳의 기후가 다르고, 앞마당과 뒤뜰 또한 다르니, 이런 기후 차를 미기후라 한다.

두두룩한 밭두렁의 눈은 볕을 받아 이내 풀어져 버리지만 두렁에 가려 푹 꺼진 고랑의 눈은 여간해서 녹지 않는다. 밭에서도 이랑과 고랑 사이에 이렇게 온도가 다르니 이 또한 미기후

다. 무엇이나 고정불변하지 않고 변함을 빗대 "이랑이 고랑 되고 고랑이 이랑 된다"고 한다.

미기후는 식물상植物相에도 영향을 끼친다. 근근이 생명을 부지하여 핼쑥하고 시푸르죽죽 검붉게 빛바랜 냉이, 민들레, 달맞이꽃, 애기똥풀은 도래방석처럼 둥글넓적하게 쫙 펼쳐서 땅바닥에 바싹 엎드린다. 또한 아래위의 크고 작은 잎이 번갈아 엇갈려 나면서 동심원으로 켜켜이 포개진다. 그 매무새가 마치 장미꽃송이 같다 하여 로제트라 한다.

이는 무슨 수를 써서라도 태양열과 지열을 모질게도 모조리 모아 쓰겠다는 심사다. 겨울 노지에서 자라 잎이 널따랗게 퍼진 겉절이용 봄배추(봄동)가 전형적인 로제트형이며, 겨울 풀은 틀에 찍어낸 듯 하나같이 그런 모양새다.

그리고 로제트란 장미꽃 모양의 장식 문양을 의미하는데, 꽃잎 모양의 문양이 방사상으로 열린 둥근 꽃 장식을 가리키는 경우도 있다. 아무튼 냉이도 미기후를 꼼꼼하게 이용하는 대표적인 영민한 식물이라 하겠다.

눈썹에 서캐 쓿까

사자성어에 '기슬지류^{蟣蝨之類}'란 말이 있다. '서캐와 이 같은 족속'이란 뜻으로, 보잘것없는 비천한 사람을 가리키는 말이다. 기생충인 '이'를 이르는 한자 '蝨'과 '蝱'은 둘 다 '슬'로 읽히며, 형태에는 차이가 있어도 같은 글자로 취급한다.

"이가 칼을 쓰겠다"란 이가 기어 다니다가 모가지가 끼어 마치 옛날 죄인이 칼을 쓴 모양이 될 정도로 옷감이 매우 성기다는 말이고, "이 잡듯이"란 샅샅이 뒤져 찾는 모양을 뜻하며, "홀아비 삼 년에 이가 서 말이고 과부는 은이 서 말"이란 여자는 혼자 살아도 남자는 외톨이로 살기 어렵다는 뜻이렷다.

또 이의 알인 서캐에 관한 속담으로, "서캐 훑듯 한다"란 하나도 빠뜨리지 아니하고 샅샅이 뒤져 살피는 경우를, 북한 속담인 "눈썹(썹)에 서캐 쓸까"란 눈썹에 털이 있다 하여 서캐가 슬 수 없다는 뜻으로, 어떤 사실에 대하여 옳다는 신념을 가질 때를 비유적으로 이르는 말이다.

이 소리만 들어도 소름 끼치고 넌덜머리가 난다. 얼마나 놈들에게 모질고 진저리 치게 시달렸으면 이런 소리가 나오겠는가. 더군다나 우리 어릴 적에는 벽면에 빈대가 넘실거렸고, 방바닥에는 벼룩이 날뛰었으며, 몸과 머리에 이가 득실거렸다. 배 속에는 채독벌레(십이지장충), 회충, 요충, 촌충 따위가 마구 우글우글 들끓었다. 손가락 사이에는 옴이, 낯짝에는 허연 곰팡이가, 머리에는 원형 탈모……. 안팎으로 빌붙어 사는 놈들이 기고만장하게 설쳐댔으니, 우린 말 그대로 기생충의 밥이었다. 앞뒤로 적을 만나는 것을 복배수적腹背受敵이라 한다지.

먹는 것도 엉망인데 놈들에게 피까지 빨리니 사람들이 죄다 몸이 여위고 파리하였다. 가랑이 째지게 지질히 못살아 지금의 아프리카 오지의 아이들에 못지않았다. 더하면 더했지 덜하지는 않았을 터. 엉세판을 허둥거리며 헤맸던 시시한 삶이었지만 그래도 그때가 너무 좋았다! 추억이 친구보다 좋다 하던가?

이는 절지동물의 곤충으로 이목(흡슬목吸蝨目) 이과에 속하는 체외기생충이다. 몸니*Pediculus humanus humanus var. corporis*와 머릿니*P. humanus var. capitis*로 나누는데 둘은 같은 종에서 환경의 차이에 따라 조금씩 달라진 아종이다. 이의 DNA를 분석한 결과 약 200만 년 전에 고릴라에서 옮아왔으며, 그때부터 사람 몸에 털이 사라지기 시작했다 한다. 몸니는 약 10만 년 전에 사람들이 옷을 입기 시작하면서 머릿니에서 나누어졌다고 본다.

이 둘은 오직 사람에게만 기생하고, 침팬지 등의 영장류에 비슷한 종인 *P. schaeffi*이 기생하며, 그와 또 유사한 무리들이 새 여섯 종, 포유류 세 종에 기생한다. 몸니는 발진티푸스, 참호열, 재귀열再歸熱 같은 전염병을 옮기지만 머릿니는 결코 병을 옮기는 매개자vector가 아니다. 두 아종은 형태적으로 꼭 같아도 서로 교잡을 잘 하지 않는데 간혹 실험실에서 일어나는 수가 있다 한다.

이는 날개가 없어 날지도 못하고, 다리 힘이 세지 않아 뛰지도 못하며, 매끈한 바닥에서 잘 기지도 못한다. 곤충인지라 머리, 가슴, 배로 나뉘고, 가슴에 다리가 세 쌍 붙는다. 배는 일곱 마디로, 앞의 여섯 마디에는 숨구멍이 있으며, 마지막 마디에는 항문과 생식기가 있다. 그리고 수컷은 다리 중에서 가장 앞쪽에 있는 앞다리가 교미 시에 암컷을 붙들기 좋게끔 크게 변형되었고, 다른 곤충처럼 이 또한 수컷이 암컷보다 좀 작다.

몸은 등배가 눌려 납작하고, 눈 한 쌍과 더듬이 한 쌍이 있다. 작은 머리에는 피를 빠는 데 적당한 입이 붙었고, 다리는 굵고 발톱이 발달해 숙주에 찰싹 달라붙도록 되어 있다. 매일 네댓 번 피를 빠는데, 이때 피가 굳어지지 않도록 하는 항응고제가 든 침을 살갗 속에 집어넣는다. 물린 자리가 가려운 것은 이 타액에 대한 일종의 알레르기 반응이다.

이는 알−유충−성충의 한살이(생활사)를 거친다. 암컷이 위에, 수컷이 아래에 자리 잡고 짝짓기를 한다. 하루에 0.8밀리미터쯤 되는 달걀형의 알을 여남은 개 낳는데, 알은 광택 나는 백색 또는 유백색을 띤다. 성충의 수명은 보통 30일로 일생 동안 알을 300개쯤 산란한다. 유충은 성충과 마찬가지로 흡혈성이며, 3회 탈피한 뒤에 성충이 된다. 보통 산란 후 6~9일에 부화하며, 3주면 성충이 된다. 또한 머릿니(2.5~3밀리미터)는 몸니(3.2~3.8밀리미터)보다 크기가 좀 작고, 머리털과 흡사한 보호색을 띤다. 기생하는 장소를 가리는지라 몸니를 머리에 옮겨 붙여두면 다시 피부로 내려올 정도다.

몸니는 참깨만 한 것이 털이 가득 난 다리 끝에 발톱이 있어 옷에 착착 잘 달라붙는다. 사람 살갗에서 생긴 비늘(각질)이나 지방 성분도 먹지만 주로 속살의 피를 빤다. 한가득 빨면 옅은 갈색이었던 배가 불룩해지면서 발그레해진다. 피를 먹지 못하면 하루나 이틀 후에 죽는다.

따뜻한 겨드랑이나 사타구니에 많이 꾀고, 하얗게 반짝거리는 알을 솔기(옷이나 이부자리 따위를 지을 때 두 폭을 맞대고 꿰맨 줄)에 잔뜩 바투 깔기는데 찰싸닥 엉겨 붙어 좀체 떨어지지 않는다. 또한 알에서 새끼가 까이고 나간 뒤에도 쭉정이 알껍질이 그대로 붙어 있다. 빛살이 가늘고 촘촘한 참빗인 '서캐훑이'로 이것들을 훑었고, 또 입으로 속옷의 솔기를 다짜고짜로 내리 깨물어 알을 툭툭 깨뜨렸으며, 종종 수틀리면 쩔쩔 끓는 소죽솥에 집어넣어 숫제 옷을 찌기도 했다. 때론 그릇에 잡은 이를 모아 불에 태워 원한의 복수를 했으니 노린내가 진동했다.

머릿니는 옛날엔 DDT 같은 살충제를 뿌렸지만 목욕, 세탁을 자주 한 탓에 멸종했다 싶었는데 풍딴지처럼 새롭게 다시 극성을 부린다. 빗, 모자, 솔, 수건, 옷, 침대를 같이 써 옮으며, 머리와 머리를 맞대는 것이 최고로 쉽게 옮는 방법이다. 짝짓기는 약 열 시간 동안 이어지고, 생식기관에서 끈끈한 풀glue 성분을 분비하여 털뿌리에 알을 붙인다.

끝으로 이과에 드는 악바리 사면발니Phthirus pubis가 있다. 음부에 주로 살기에 음슬陰蝨이라 하며 속눈썹이나 항문 근처의 털에도 산다. 성체의 모양이 게를 닮았다 하여 '크랩 라이스crab lice', 음부에 주로 산다고 하여 '퓨빅 라이스pubic lice'라고도 한다. 대부분은 성적 접촉에서 옮는다. 최고로 치는 치료법은 음모를 말끔히 깎아버리는 것이다.

열 손가락 깨물어
안 아픈 손가락이 없다

"손가락으로 헤아릴 정도"란 수효가 매우 적음을, "손가락 하나 까딱 않다"는 아무 일도 안 하고 뻔뻔하게 놀고만 있음을, "손가락도 길고 짧다"거나 "한날한시에 난 손가락에도 길고 짧은 것이 있다"란 아무리 같은 환경조건에 있다 하더라도 조금씩은 서로 차이가 나게 마련임을 이르는 말이다. 또 "손가락에 불을 지르고 하늘에 오른다"거나 "손가락에 장을 지지겠다"는 상대편이 도저히 할 수 없을 것이라거나 자기주장이 틀림없다고 장담함을, "손가락으로 하늘 찌르기"란 가능성이 전혀 없는 짓임을, "열 손가락 깨물어 안 아픈 손가락이 없다"란 혈육은 다 살(肉)같이 귀하고 소중함을 이르는 말이다.

"손가락질 받다"는 남에게 얕보이거나 비웃음을 당함을, "되는 호박에 손가락질"은 잘되어가는 남의 일을 시기하여 훼방 놓음을, "하늘 보고 손가락질(주먹질)한다"는 보잘것없는 사람이 건드려도 꿈쩍도 아니함을 빗댄 말이다.

그리고 손가락을 구부려 말아 쥔 손의 뭉치를 주먹이라 한다. 하여 "주먹을 휘두르다"라거나 "주먹다짐하다"란 힘이나 권력 따위를 마구 씀을, "주먹은 가깝고 법은 멀다"란 분한 일이 있을 때 이치를 따져 처리하기보다는 앞뒤를 헤아리지 아니하고 주먹으로 먼저 해치움을, "주먹이 운다"는 분한 일이 있어서 치거나 때리고 싶지만 참는다는 말이다.

앞서 제3권에서 '손'과 함께 '손가락' 이야기를 했지만 여기에 더 보태어 정리할까 한다. 다섯 개의 손가락 중 맨 안쪽 것을 무지拇指 또는 엄지라고 부르고, 나머지는 집게손가락(검지), 가운뎃손가락(중지), 반지손가락(환지)과 맨 바깥의 새끼손가락(소지)으로 나뉜다. 엄지손가락은 '으뜸'이라는 뜻이 있으며, 주민등록증에 손가락을 대변하여 손도장을 찍는 데 쓴다. 검지는 무엇을 가리키는 데 주로 쓰고, 중지를 치켜들면 멸시와 욕을 하는 것이 된다. 환지에는 주로 반지를 끼우며, 소지는 변치 말자고 약속하는 손가락 걸기 말고도 '꼴찌'란 뜻을 표한다. 그리고 엄지와 중지를 맞대고 엇나가게 비틀어서 딱 소리가 나게끔 손가락 튕기기finger-snapping를 하니 기분이 좋거나 신호를 보낼 적에 그런다.

또 손발가락 꺾기를 하면 뚝 하고 소리가 나는데, 이는 손발마디 관절에 들어 있던 공기가 밀려 나가면서 내는 마찰음이라한다. 한번 꺾은 다음엔 바로 소리가 나지 않고 밀려 난 공기가안으로 다시 들어가야 소리가 난다. 암튼 갓난아이나 어린이들의 손가락에서 소리가 나지 않는 것은 뼈마디 사이에 공기가없는 탓이다.

손가락뼈는 첫마디뼈, 중간마디뼈, 끝마디뼈로 세 마디씩나눠지지만 엄지만 중간 마디가 없고 오직 첫마디뼈와 끝마디뼈 둘만 있다. 그래서 한 손에는 손목에 있는 손목뼈 여덟 개와 손등을 구성하는 손허리뼈 다섯 개, 첫마디뼈 다섯 개, 중간마디뼈 네 개, 끝마디뼈 다섯 개로 모두 스물일곱 개의 뼈마디가 있다.

손가락 끝에는 감각점인 촉각과 온각이 온몸의 살갗 중에서가장 많이 분포해 있어 매우 민감하다. 그래서 시력을 잃으면후각과 청각도 더욱 예민해지지만 촉각도 예민해져 손끝으로도드라진 점자를 읽는다. 하나를 잃으면 다른 것이 예민해지는것도 일종의 보상작용補償作用이다.

그리고 손가락 하면 지문을 떠올리게 된다. 손가락 끝마디바닥 면에서 땀구멍 부위가 주변보다 덩그러니 돋아(융선隆線)

서로 조붓하게 연결되어 골valley 모양의 곡선을 만드니 그것이 지문이다. 이것은 물체의 표면에 닿는 족족 흔적을 남긴다. 이는 사람마다 다 다른 모양(만인부동萬人不同)을 가지기에 개인 식별, 범죄수사의 단서, 인장 대용으로도 쓰인다. 또 평생 변하지 않으며(종생불변終生不變), 유전자가 같은 일란성 쌍둥이라 할지라도 지문은 다르다. 또한 작은 상처가 나도 새로운 세포가 담뿍 자라면서 다시 본 모습의 지문으로 돌아온다.

손가락 무늬는 크게 발굽 모양인 제상문蹄狀紋, 소용돌이 꼴의 와상문渦狀紋, 활 모양인 궁상문弓狀紋으로 크게 나뉘고, 그것들은 다시 상세하게 나누어진다. 또 전체 인구에서 그 빈도가 제상이 60~65퍼센트로 제일 흔하고, 와상이 30~35퍼센트, 궁상이 5퍼센트 순이다.

사람도 원래는 수상생활樹上生活을 한지라 나무를 기어오르거나 어떤 물건을 거머쥐는 데 지문이 필요했다. 영장류인 고릴라나 침팬지는 물론이고 나무에 오르는 포유류인 코알라나 아메리카담비fisher도 지문이 있다고 하며, 코알라의 지문은 그 형상이 사람의 것과 꼭 같다고 한다. 이렇게 지문은 꺼칠꺼칠하기에 물건을 붙잡는 데 도움을 주고, 손을 물에 담그면 지문이 부풀어 오르는 것도 물이 축축하게 묻은 것을 움켜쥐도록 하기 위함이라 한다.

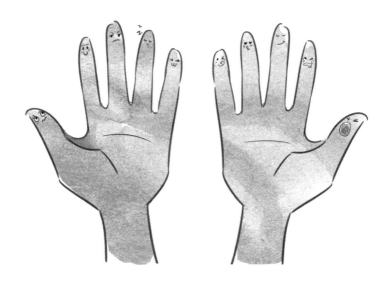

　지문 외에 발의 모양을 뜬 족문足紋도 범죄과학수사에 적잖이 활용된다. 이 족문은 신생아를 식별하는 데도 사용되고 있는데, 신생아의 것은 성인에 비해 복잡함이 떨어지기 때문에 전체적인 윤곽으로만 추정한다고 한다.

　그런데 이따금 손발가락 모두 반들반들하여 지문이 아예 없는 무지문증無指紋症이 있다. 이것은 'SMARCAD1'이란 단백질이 만들어지지 않아 생기는 것으로 유전된다. 일명 '입국지연병immigration delay disease'이라 하는데, 무지문증인 사람은 지문을 요구하는 나라에 입국할 때 애를 먹는다. 2000년 한 해만 해도 세계적으로 그런 가정이 다섯이나 있었다고 한다. 그리고 지문은 벌에 쏘여 퉁퉁 부었을 적에도 일시적으로 사라지고, 항생제의 일종인 카페시타빈capecitabine을 처방해도 지문이 사라질 수 있다. 또한 기신기신 늙어빠지면 속절없이 지문까지도 꽤나 흐릿하게 무뎌진다고 한다.

　유구한 세월에 거룩하고 찬란한 인류 문화는 영락없이 유연한 손과 정교한 손가락의 놀림에서 나왔다. 건반을 두드리는 피아니스트의 손가락, 컴퓨터 자판을 뚜들기는 셀 수 없는 세상 사람들의 열 손가락! 손가락의 움직임은 뇌의 기능을 대변하며, 따라서 젓가락질이 뇌를 자극한다고도 한다. 그리고 고목의 삭정이 같은 손가락에는 그 사람의 모진 세월의 역사가 고스란히 묻어 있다. 손톱 발톱 길 새 없이 손으로 먹고사는 농부들의 손가락 마디가 밤톨만큼이나 굵디굵으니 자나 깨나 지문이 닳아빠지도록 손가락을 놀린 탓이다. 그렇다. 열 손가락 꽉 오므려 주먹 불끈 쥐고 태어나 맥없이 스르르 펴고 죽는 인생이다. 어이할거나, 손가락질 받으면 일찍 죽는다고 한다. 이렇든 저렇든 죽는 그날까지 손가락질 안 받고 그럭저럭 살다가렸다.

뺨 맞는 데
구레나룻이 한 부조

　얼굴의 양쪽 관자놀이에서 턱 위까지 살이 많은 부분을 '뺨' 또는 '볼'이라 하고, 뺨을 비속하게 '따귀' '뺨따귀'라 하며, 볼을 속되게 '볼때기' '볼따구니' '볼퉁이'라고 한다. "뺨 맞을 놈이 여기 때려라 저기 때려라 한다"는 죄를 지어 마땅히 벌을 받아야 할 사람이 처분을 기다리지 아니하고 도리어 제 좋을 대로 요구함을, "뺨 맞는 데 구레나룻이 한 부조"란 쓸모없어 보이던 구레나룻(귀밑에서 턱까지 잇따라 난 수염)이 뺨을 맞을 적에 아픔을 덜어준다는 뜻으로, 아무 소용없어 보이던 물건이 뜻밖에 도움을 주게 됨을, "뺨을 맞아도 은가락지 낀 손에 맞는 것이 좋다"란 이왕 꾸지람을 듣거나 벌을 받을 바에는 권위 있고 덕망 있는 사람에게 당하는 것이 나음을 빗대 이르는 말이다. 이렇게 살가운 말을 만든 선조들의 해학과 재치에 감탄을 금할 수 없구려! 훌륭한 조상을 가진 것이 마냥 복되도다.

또한 "뺨 잘 때리기는 나막신 신은 깍쟁이라"란 일제강점기에 '나막신 신은 깍쟁이'인 일본인이 툭하면 무고한 우리나라 사람을 때리고 업신여겼던 것을 증오하여 이르는 말이다. 우리 나막신은 나무를 파서 만든 것으로 앞뒤에 높은 굽이 있어 비가 오는 날이나 땅이 질척거리는 진흙 구렁에서 신었지만, 일본 사람들이 신는 '왜倭 나막신' '게다(けた)'는 납작한 나무 판때기로 만든다. 이 게다는 뻐드렁니와 함께 일본인을 상징한다.

볼cheek은 뺨 한복판의 살점을 이르는 말이다. 다시 말하여 볼은 광대뼈 아래, 양 귀와 코 사이를 이른다. 볼에 관련된 관용어인 "볼 붓다"란 못마땅하여 뾰로통하게 성이 남을 말하는데, 같은 뜻으로 "볼에 밤을 물다"라고도 하며, 또 "볼을 적시다"란 눈물을 흘림을 뜻한다. 그 밖에도 "발그레하게 꽃물이 든 손녀의 볼에다 살그머니 입을 맞추다" "그는 날 만나자마자 볼그스레해진 볼을 비비며 반가워했다" "자장면을 볼이 미어지게 말아 넣다" "탐스럽던 볼이 홀쭉하게 살이 빠져 축 처지다" 등으로 쓰인다.

"볼가심하다"는 말이 있다. 이는 음식을 먹은 다음 양치질 대신 물 따위를 머금어 꿀렁꿀렁 입(볼)안을 씻음을 말하거나 아주 적은 양의 음식으로 시장기를 면함을 뜻한다. 그리고 "미꾸라지 볼가심하다"라 하면 미꾸라지가 볼가심할 만큼 아주 적은 분량임을 이르는 말로, "메기 침만큼"과 같은 말이다. 또 "고양이 죽 쑤어 줄 것 없고 생쥐 볼가심할 것 없다"고 하면 너무 가난해서 아무것도 먹을 것이 없음을 빗대 이르는 말이다.

볼 하면 생각나는 것이 있다. 일부러 입을 오므리거나 특히 샐룩거리며 웃을 때 볼이 오목하게 파여 들어가는 보조개 말이다. '볼우물'이라고도 하는데 북한에서는 '오목샘'이라 한다. 아무리 봐도 구김살 하나 없는 얼굴에 올라앉은 귀엽고 깜찍한 보조개는 둘도 없는 매력 점이라 하겠다. 이것은 입꼬리의 바깥쪽에서 입꼬리가 처지지 않도록 받쳐주는 근육과, 아랫입술에 있는 보조개근인 소근笑筋이 수축하여 입꼬리를 뒤로 당김으로써 생긴다.

또 다른 안면근에서도 보조개를 만드는 일이 있으니 턱이나 이마에 보조개가 생기는 사람도 있다. 대체로 피부 밑이 말랑말랑하고 지방이 두꺼울수록 생기기 쉬우므로 어린이나 여성에게서 많이 볼 수 있으며, 시간이 지남에 따라 나타나기도 또 사라지기도 한다.

그런데 볼때기가 바깥의 볼(살)을 말한다면 입안에도 아주 부드러운 점액성 근육으로 된 볼이 있다. 음식을 먹다가 얼결에 안쪽의 볼을 깨물어 생긴 상처를 '스리'라 하고, 북한에서는 '쓰리'라 하는데, 흔히 먹는 음식이 하도 맛있어서 볼을 깨문다고 하나 그건 얼토당토 않는 말이다. 암튼 누구나 입안이 저절로 헐기도 하고, 작은 꽈리 모양의 물집(수포水泡)이 부르트기도 한다. 이런 물집을 점액낭종粘液囊腫이라 하는데 주로 입술이나 입안의 볼에 생기며, 대부분 자기도 모르는 새 깔끔하게 수그러든다. 보조개는 거의 유전되지 않고 우성優性형질도 아니라 하며, 불규칙한 유전으로 그나마 유전인자 한 개가 영향을 미치는 것으로 알려졌다. 그리고 면봉으로 입을 벌려 볼 안의 여린 점액성 구강상피를 슬쩍 문질러서 산 세포(DNA 샘플)를 얻기도 한다.

영어로 보조개를 '딤플dimple'이라 하는데, 딤플은 골프공에 300~500개 정도의 옴폭옴폭 파인 작은 홈을 이르기도 한다. 지름 4.2센티미터, 중량 45.93그램인 작은 골프공에도 보조개가 가득 있다는 말이다. 양주에는 딤플 위스키가 있고…….

처음엔 겉이 매끈한 공을 골프공으로 썼다고 한다. 그런데 딤플은 공이 날아갈 때 공기저항을 줄여 멀찌감치 날아가게 한다. 다시 말해, 딤플 때문에 공에 공기의 와류(渦流, 소용돌이)가 생겨 공기저항을 줄여줌으로써 멀리 난다는 것이다. 아무튼 매끈한 공은 더덕더덕 홈이 난 것보다 비거리飛距離가 훨씬 짧다. 누군가는 이를 에둘러 "때론 일평생 호강에 겨워 산 밋밋한 사람보다 사무치게 굴곡 진, 울퉁불퉁하게 홈 진 삶을 산 사람이 한결 속 깊고 더 멋 난다"고 했다. 일리 있는 말이다. 참고로 날아간 거리는 딤플의 개수뿐만 아니라 파인 깊이(보통 0.254밀리미터)도 공의 비행 속도, 각도, 회전 속도에 퍽이나 민감하다고 한다.

포유동물 중에는 아래턱과 입안의 볼 사이에 큰 주머니가 있는 것들이 있다. 이 주머니는 볼주머니cheek pouch라 부르는 것으로 협대頰袋라 하며, 한마디로 '두 입을 가진 동물들'인 셈이다. 이들은 볼주머니에 먹잇감이나 다른 물건을 집어넣고 딴 곳으로 옮긴다. 이런 동물로는 호주에 사는 가장 하등한 포유류로 치는 오리너구리를 비롯하여 설치류인 다람쥐나 날다람쥐 등의 다람쥐과 동물, 햄스터, 일부 박쥐, 원숭이 무리가 있다.

오리너구리는 물에서 지렁이, 수서곤충, 민물새우 등을 잡아 볼주머니에 넣고 물 위로 떠오른다. 또 북미에 사는 얼룩다람쥐는 먹을 것을 볼주머니에 한가득 집어넣으면 머리가 엄청 커지면서 몸이 두 배나 부푼다고 한다. 보통은 이렇게 잠시 먹을 것을 넣어 안전한 장소로 운반하지만 햄스터는 여기에 새끼를 숨겨 옮기고, 공기를 불룩하게 넣어서 부력으로 물을 건넌다고 한다. 또 대구뽈찜(대구뽈대기찜)은 대구 뺨 요리렷다!

난초 불붙으니 혜초가 탄식한다

　"난초 불붙으니 혜초가 탄식한다"란 속담은 "여우가 죽으니 토끼가 슬퍼한다(호사토비狐死兔悲)"와 유사한 말로, 토끼는 자기를 괴롭혔던 여우가 죽었으니 통쾌한 마음일 터다. 이는 속으로는 남의 불행을 고소하게 여긴다는 '악어의 눈물'에 해당하지 않을까. 그러나 아마도 난초와 혜초는 어느 하나가 동물들처럼 서로 해코지하거나 다치게 하는 관계는 아닐 것이다. 오직 난초는 관상으로, 혜초는 약재로 둘 다 매우 귀한 식물이라, 자기가 최고라 뻐기고 시기할 것이라고 사람들이 지레 짐작하여 만든 속담이 아닌가 싶다.

　그렇다면 과연 혜초薏草는 어떤 식물인가. 혜초는 영릉향零陵香 또는 훈초薰草라 부르는 앵초과櫻草科 식물로 원줄기는 40~60

센티미터나 된다고 한다. 잎은 어긋나며, 4~6센티미터로 끝이 뾰족하고, 강한 카레 향기를 내며, 맛은 맵고 달달하다고 한다. 그리고 영릉향은 약초를 중심으로 쓴 『한국본초도감韓國本草圖鑑』에서만 볼 수 있고 야생식물의 도감에는 없는 것으로 보아 재배종이라 한다.

그래서 약초로 심어 가을에 전초全草를 베어, 그늘에 말려 약재로 쓴다. 몸의 온기를 북돋워 폐, 지라(비장), 위장에 좋다 하고, 회충 구충제로도 쓰이며, 치통과 두통에도 효과가 있다 한다. 동아시아와 중국 등지의 축축한 혼합림에서 자란다고 하는데, 『동의보감』에는 "영릉향은 제주도에만 난다"고 했다 하니 우리나라에는 분명 드문 식물이 아닌가 싶다.

다음은 난초蘭草의 일반적 특징이다. 난초는 외떡잎식물 난초목 난초과의 상록다년초로, 외떡잎식물이라 잎이 또렷한 나란히맥이다. 잎의 색깔이나 잎맥의 흐름 등에 따라 등급을 매기는데, 특이하게 돌연변이를 일으킨 것은 억대를 호가한다 하지 않는가.

외떡잎식물 중에서 가장 진화된 식물군으로, 아주 작은 씨앗과 변형된 입술꽃잎(순판脣瓣), 융합된 수술이 특징이다. 향기로운 꽃 말고도 잎사귀의 빛깔이나 모양이 아름다워 이를 관상하기 위해 재배하는 관엽식물觀葉植物로, 세계적으로 약 700속 2만

5000종이 알려져 있으며, 한국 자생종은 39속 84종이라 한다.

난은 동양란과 양란으로 구별하는데 여기서는 동양란을 대상으로 한다. 동양란은 한국, 일본, 중국에 자생하며, 그중에서도 이른 봄에 꽃을 일찍 피워 화신花信을 전한다 하여 봄을 알리는 꽃, 보춘화報春花라 불리는 춘란Cymbidium goeringii이 으뜸이라 하겠다. 춘란 말고도 같은 속의 한란C. kanran, 석곡, 풍란 등이 동양란의 대표자들이다.

잎은 홑잎이고, 꽃은 양성화이며, 아래 둘레에 꽃받침 세개, 위 안에 꽃잎 세 장이 둘러난다. 세 장의 꽃잎 중 하나는 독특한 입술 꼴의 입술꽃잎으로 변형되었는데, 입술꽃잎은 다른 꽃잎보다 약간 크고, 모양이 매우 다양하며, 아래(중앙)에 자리하여 밑으로 향한다.

입술꽃잎은 진한 향을 풍기고, 곤충이 내려앉는 착지着地가 된다. 암컷 벌이나 곤충의 냄새를 풍기는 데다가 천생 생식기를 닮아(의태, 짓시늉) 수컷들이 망설이지 않고 부리나케 앞다퉈 교미하듯 달려들게 하여 꽃가루받이(수분)를 한다. 이런 꼼수를 쓰다니 정말 어안이 벙벙하도다! 그리고 본디 여섯 개였던 수술은 세 개로 퇴화하였고, 암술 한 개는 암술머리가 두세 개로 갈라졌다. 난초는 보통 뿌리나누기로 번식시킨다.

춘란을 간단히 보자. 이른 봄에 뿌리로부터 잎보다 훨씬 짧은 꽃자루가 하나 나와서 끝에 한두 송이의 꽃이 달린다. 잎은 나긋나긋한 것이 가늘고 길며, 끝자락이 칼끝같이 뾰족하고, 가장자리에 까칠까칠한 톱니가 빽빽이 났다. 잎맥이 뚜렷하며, 꽃받침과 꽃잎에는 적자색 줄무늬가 있고, 입술꽃잎은 흰색에 적자색의 점무늬가 있다. 춘란은 원래 우리나라 남부와 중남부의 소나무가 많은 곳에서 지천으로 자랐는데, 이것조차도 사람들이 골골샅샅이 냅다 캐가서 씨가 말랐다고 한다. 그리고 꽃말은 잘났다고 뻐기지 않는 '소박한 마음'이란다.

알다시피 매화, 난초, 국화, 대나무를 군자의 덕과 학식을 갖춘 사람의 인품에 비유하여 사군자四君子라 부른다. 특히 난초는 그 꽃의 모습이 고아高雅할 뿐만 아니라 줄기와 잎은 청초하고, 향기가 그윽하여 어딘지 모르게 함부로 대하기 어려운 범상치 않은 기품을 지니고 있다. 난초가 사군자로 존칭되는 것은 속기俗氣를 떠난 산골짜기에서 고요히 향을 풍기고 있는 그 수수하고 소담스러운 모습에 유래하는 것이리라.

난초 하면 고등학교 때 국어 교과서에서 만났던, "미진微塵도 가까이 않고 우로雨露를 받아 사는" 난초의 청정무구한 모습을 읊은 이병기의 「난초」 생각이 번듯 난다.

한데 화투장 중에 다섯 곳을 나타내는 '5월 난초'가 있다. 그런데 이것은 난초가 아니고 꽃망울이 영락없이 붓(筆)을 닮은

붓꽃이다. 붓꽃은 5~6월에 피는 꽃인데 우리나라에는 붓꽃,
제비붓꽃, 부채붓꽃, 타래붓꽃, 노랑꽃창포, 꽃창포 등 4속 17
종이 자란다고 한다.

또한 난을 먹는다 하면 믿기지 않으리라. 서양난의 일종
인 바닐라*Vanilla planifolia*의 익지 않은 열매를 삭혀 만든 '바닐린
vanillin'은 무색 또는 황백색의 바늘 꼴 결정인데, 향기가 좋아
과자나 빵, 아이스크림 등에 넣는다. 바닐라는 멕시코가 원산
이며, 난과의 덩굴다육식물로 15미터까지 자란다. 잎길이는
20센티미터이고, 과실은 콩깍지를 닮았다.

그리고 난은 꽃이 잘 피지 않는다고들 하지만, 이는 식물을
너무 좋은 환경에서 키웠기 때문이다. 어느 동식물들이든 된통
환경이 좋지 않을 때 저마다 생명의 위기감을 느껴 새끼를 치
고, 꽃을 피워 종족 번식을 도모한다. 사랑 중에 가장 해로운
것이 익애溺愛라 한다지.

왜가리 새 여울목 넘어다보듯

"왜가리 새 여울목 넘어다보듯"이란 무엇을 얻을 것이 없나 하여 엿보거나 넘겨다본다는 것으로, 남의 눈을 피해가며 제 이익만을 취함을 비유적으로 이르는 말이다. 그런데 같은 뜻의 북한 속담에 "왁새 여울목 넘어다보듯"이란 것이 있다. 같은 새를 놓고도 우리는 '왜가리', 북한은 '왁새'로 부르니 이렇게 차이가 난다.

이 외에도 '새'에 얽힌 속담이 쌔고 쌨으니 몇 개만 골라보았다. 매우 적은 분량을 비유하는 "새 발의 피(조족지혈鳥足之血)", 아무도 안 듣는 데서라도 말조심해야 한다는 "낮말은 새가 듣고 밤말은 쥐가 듣는다", 친구를 사귀거나 직업을 택하는 데에도 잘 살펴서 신중하게 처신하라는 뜻인 "새도 가지를 가려서 앉

는다(양금택목良禽擇木)", 지지리도 볼품이 없거나 위신이 없어 보임을 비꼬아 "꽁지 빠진 새 같다"라고 한다. 또 자기 잇속만을 위해 매번 이로운 편에 붙는 행동을 비꼬아 "새 편에 붙었다 쥐 편에 붙었다 한다"는데, 이를 '박쥐의 두 마음' 또는 '박쥐구실(편복지역蝙蝠之役)'이라고도 한다.

여기서 다루려고 하는 것은 이 속담들 중 "왜가리 새 여울목 넘어다보듯"에서의 '왜가리'와 '왁새'다. 실은 이 글을 쓰면서 나도 모르게 갖은 청승을(?) 떨고 있다. 일제강점기 말엽 암울

했던 시절, 김능인이 노랫말을 짓고 손목인이 곡을 붙여 고복수가 불렀던 「짝사랑」이 그렇게 애틋하고 애간장을 녹인다. 짝사랑의 첫 구절을 보자.

아— 으악새 슬피 우니 가을인가요
지나친 그 세월이 나를 울립니다
여울에 아롱 젖은 이지러진 조각달
강물도 출렁출렁 목이 멥니다

이 노래에 나오는 '으악새'는 '억새풀'일 것이라 하는데, 이는 억새의 경기 지방 사투리가 으악새이기 때문일 것이다.

그러나 으악새는 풀이 아니고 왁새, 즉 왜가리를 가리킨다. 왜가리가 '와—악 와—악, 가라라라라락' 이런 식으로 앙칼지게 울어젖히니 왁새라 부른 것이다. 아주 그럴듯하다. 이 정도만 해도 가사 중 으악새는 억새풀이 아닌 왜가리라는 것을 어렴풋이 느낄 수 있을 터.

다른 증거를 더 대본다. 작사가 김능인은 황해도 금천에서 태어났다. 다시 말하면 왁새는 왜가리의 북한 이름이고, 북한이 고향인 작사가가 리듬을 맞추느라 왁새를 으악새로 길게 늘려 썼을 것이다. 암튼 으악새는 풀이 아니고 왜가리일 가능성이 99.9퍼센트다. 하기야 풀이면 어떠하며 새인들 어떠하리오. 그러나 구렁이 담 넘어가듯 할 일이 아니다. 괜한 소리가 아니라 떳떳이 밝힐 건 밝혀보자고 이런다.

그리고 억새풀은 울지 않는다. 물론 마른 억새 풀잎이 바람에 서로 비비적거려서 사각사각, 바스락거리는 나직한 소리가 날 순 있지만, 보통 사람의 귀에 그것이 '슬피 우는 것'으로 들릴 리 만무하다. 과연 가을바람에 억새 풀잎 스치는 소리가 노래 가사로 될 정도로 그렇게 슬프고 애잔할까? 천만에다.

또 1절의 "강물도 출렁출렁"이라는 노랫말에서 으악새는 여울이나 강물과 연관이 있는 것으로 보인다. 그런데 실제로 물가에는 「소양강 처녀」에 등장하는 갈대('작은 대'란 뜻이다)가 난다. 억새풀은 물기 적은 메마른 산등성이나 들판에 난다. 산야에 있어야 할 억새가 강가에 자생한다는 것이 이치에 맞지 않는다. 그렇다. 왜가리의 먹자리는 연못이나 늪지, 강가로, 거기서 목을 빼고 먹이를 찾는 새이지 않는가.

이런저런 몇 가지 사실을 묶어보면 으악새가 억새풀이 아니고 왜가리라는 점이 100퍼센트 틀림없다. 독자들도 새삼 동의할 것이다. 필시 으악새는 왁새, 왜가리라고 결론지어도 1퍼센트의 오류도 없음이 명료하다! 생물을 전공하는 사람으로 그까짓 것 하고 그냥 그러려니 대충 넘어가면 후손들을 대할 낯이 없어 이렇게 핏대를 세웠다.

왜가리*Ardea cinerea*의 특성과 생태 이야기다. 녀석은 키가 1미터에 가까운 키다리요, 몸무게는 1~2킬로그램쯤이며, 몸길이가 91~102센티미터나 되는 백로과에서 가장 크고 흔한 여름철새다. 온몸이 회색에다 배와 머리는 흰색인데, 가슴과 옆구리에 회색 세로 줄무늬가 있다. 또한 이마 양쪽에서 눈 위를 지나 윗머리까지 넓은 검은색 눈썹 띠가 있으며, 뒷머리에는 그것과 이어진 길고 부드러운 댕기깃(우관)이 근사하게 붙어 있다. 여기서 댕기깃은 여러 조류의 머리에 돌출한 여러 가닥의 실(술) 모양 또는 부채 모양의 깃털 다발을 뜻한다. 또 아주 길고 억센 적황색의 부리는 끝이 뾰족하여 마치 핀셋처럼 생겼다.

중앙아시아, 중국, 일본, 인도 등지에서 여름에 번식하고, 겨울철에는 일본 남부, 베트남, 말레이시아, 대만, 필리핀 등지로 이동하여 겨울나기를 한다. 그런데 일부는 돌아가지 않고 우리나라 남부 지방에서 겨울을 지내니 기후 온난화로 졸지에 철새가 붙박이 텃새로 바뀐 것이다. 세월 무상이라고나 할까, 바뀌지 않는 것이 없도다!

왜가리는 연못, 습지, 논, 개울, 강, 하구 등 물가에서 먹이를 찾으며, 날 때는 목을 'ㄹ'자 모양으로 굽힌다(황새나 두루미는 목을 쫙 편다). 길쭉한 날개를 힘을 뺀 채 천천히 움직여 날며, 다리는 꽁지 바깥쪽 뒤로 뻗는다. 멀리 가려거든 천천히 가라 하던가.

보통 소나무 같은 침엽수림에서 중대백로와 공서共棲하면서 번식도 함께 한다. 나뭇가지나 풀줄기를 써서 접시 모양의 집을 지으며, 해마다 같은 둥지를 쓰기 때문에 오래된 둥지일수록 구질구질하고 엄청 크다. 4월 상순에서 5월 중순에 걸쳐 청록색 알을 3~5개 낳아 암수가 함께 품고, 25~28일 후 부화하여 50~55일간 기른다. 왜가리의 밥은 물고기를 비롯하여 개구리, 뱀, 들쥐, 새우, 곤충 등이다.

흔히 생물학자들이 하찮게 여길 일이 아닌, '말도 안 되는 노래 가사'가 셋이 있다고들 비꼰다. 「짝사랑」에서 으악새를 억새풀이라 하는 것과 「민들레 홀씨 되어」에서 꽃식물은 홀씨(포자)가 아닌 씨앗(종자)을 만든다는 것, 그리고 "찔레꽃 붉게 피는 남쪽 나라 내 고향……"의 「찔레꽃」에서 찔레꽃은 붉은 것이 없고 하나같이 희다는 것이다. 자연을 있는 그대로 보아야 제대로 보인다. 얼렁뚱땅 어림짐작으로 씨도 안 먹히는 소리를 해선 안 된다.

옳은 말은 소태처럼 쓴 법

소태를 '고련苦楝'이라고 하고, 일본이나 중국에서는 '고수' '고목'이라 한다. 자연계에서 나는 최고의 쓴 맛으로, 말과 글로는 다 표현할 수 없는 쓰디쓴 맛이 '소태맛'일 것이다. 이를테면 소태맛이란 "입안이 소태를 문 듯 쓰다"라고 하듯 쓴맛을 뜻한다.

알려진 대로 소태나무는 지독히도 쓰다. 그래서 "감기 때문인지 담배 맛이 소태처럼 쓰다"거나 "옳은 말은 소태처럼 쓴 법"이라고도 한다. 또 어떤 문제에 대하여 아무런 반응이나 의사 표시가 없음을 보고 "쓰다 달다 말이 없다"고 하고, "쓰면 뱉고 달면 삼킨다(감탄고토甘呑苦吐)"나, 쓴 약이 몸에도 좋다 하여 "쓴 것이 약"이라는 등 쓴맛에 대한 속담도 더러 있다.

음식의 간이 지독히 짜면 '소태 같다'라고 한다. 정작 소태맛은 소금처럼 '짬'을 의미하기보다는 한약이나 씀바귀처럼 '씀'을 뜻한다. 그리고 단맛의 반대말이 쓴맛이라면 꿀맛의 반의어는 소태맛이 아닐까? 그게 그거지만 말이지. 암튼 입맛이 없을 때 소태나무 껍질을 씹으면 입맛을 되돌린다고 한다. 씹어보면 익모초의 쓴맛과 비슷한 것이 입안에 오래오래 머문다.

미리 말하지만 소태의 쓴맛은 콰신quassin이란 물질 때문인데, 콰신은 소태나무*Picrasma quassioides*의 잎, 줄기, 뿌리, 나무껍질에 골고루 들어 있으나 줄기의 속껍질에 가장 많다. 속명 *Picrasma*는 '아주 쓰다'는 의미의 희랍어 'picrasmon'에서 유래하였고, 콰신은 종소명 *quassioides*에서 따온 이름이다. 위액의 분비를 돕는 콰신은 만성소화불량 등의 소화장애를 치료하는 데 쓰였는데 최근 들어서는 항암, 항세균제, 자연 살충제 등 숱한 약성에 대한 연구도 활발하다고 한다.

글을 쓰다 보면 언제나 아스라이 먼 옛날을 만나 즐겁다. 아니, 넌더리나게 슬플 때도 있지만 그 또한 정답고 그립다. 내 어릴 적에 우리 집 마당가에도 소태나무 한 그루가 우뚝 서 있었다. 속이 더부룩하거나 하면 잎을 따 씹어보지만 그 쓴맛에 질색하여 퉤퉤 벼락같이 뱉어버리기 십상이었다.

까마득한 옛적엔 다들 찌들게 못살아 아기를 갓 낳은 우리 동네 아주머니들도 젖이 태부족이었지. 하필이면 연년생으로 동생을 보았다. 좀처럼 젖을 떼지 못하고 젖 냄새에 바동거리며 엄마 품을 파고들며 실랑이하던, 핏기 하나 없는 핼쑥한 형아이가 있었다. 둘을 다 먹이기에는 턱없이 모자라는 젖인지라 아주머니는 치근대는 형 놈이 젖을 떼게 소태나무 즙을 젖꼭지에 발라 넌지시 입에 물렸더랬다. 막무가내로 몸부림치며 매달리던 아이도 냉큼 물었다가 화들짝 '앗, 써라!' 소태맛에 놀라다시 젖 먹을 생각을 않았다. 오, 애달프다! 어이 할꼬, 지금은 먹을 게 잔뜩 넘쳐나는 세상인데…….

소태나무란 말은 '소의 태(태반胎盤)'를 뜻한다는 사람이 있는데 아마도 그렇지 않을 터다. 소의 태라고 유별나게 쓸 리가 만무하니까 말이다. 암튼 소태나무는 전국의 산에 흔하게 자라는 무환자나무목 소태나무과 낙엽활엽교목으로, 높이는 10~12미터, 둘레는 50센티미터 남짓으로 자란다. 건조한 환경에서는 살지 않으며, 비탈진 골짜기를 따라 너덜바위 지역에 다붓이 모여 자생한다. 우리나라 말고도 중국, 인도, 타이완, 일본 등지에 분포하고, 유럽과 북미의 도시공원에서는 조경수로 애용된다고 한다.

잎은 어긋나고, 길쭉한 잎줄기에 길이 4~10센티미터 안팎의 소엽이 9~15장씩 마주나며, 맨 끄트머리에 작은 잎이 하나 열리는, 홀수로 난 깃털 모양의 겹잎(기수우상복엽奇數羽狀複葉)이다.
끝이 길고 뾰족한 달걀 모양에 가장자리에는 물결 모양의 짜름
하고 자잘한 톱니가 나고, 가을에 노랗게 물든다.

꽃은 5~6월에 햇가지에서 노란빛이 도는 녹색으로 핀다. 암
꽃과 수꽃이 딴 나무에 피는 암수딴그루(자웅이주)이고, 암술은
한 개로 끝이 네 갈래로 갈라지며, 수술은 네댓 개이고, 암꽃은
수꽃보다 작다. 단단한 껍질로 싸인, 지름 7밀리미터 정도의
둥근 열매가 9월에 갈색으로 여물며, 그 속에 씨앗이 들었다.

소태나무는 우리 주변에 비교적 흔했던 나무로 소태골, 소태
리 등의 지명은 분명 한때 소태나무가 많이 자랐던 지역이다.
천연기념물 제174호로 지정된 600살 먹은 아름드리 노거수老巨
樹 소태나무가 경북 안동 길안면 송사리에 있다 한다.

소태나무와 같은 과에 속하며 '가중나무'라고도 부르는 '가
죽나무'가 있다. 소태나무와 아주 흡사하여 보통 사람은 맛을
보기 전에는 그 둘을 구별하기가 어렵다. 중국 원산으로 소태
나무와는 사뭇 다르며, 열매는 날개가 있는 시과翅果로, 프로펠
러처럼 생긴 날개 가운데 씨가 하나 들었다.

여기서는 우리 어머니를 만난다! 무엇보다 다시마, 김, 깻
잎, 고추 따위에 찹쌀 풀을 발라 말렸다가 기름에 튀긴 반찬이
부각이다. 이른 봄이면 어머니가 사랑방 근처에 서 있는 가죽

나무의 여린 잎을 따 부각을 만들어 질리도록 먹었으니 바삭바삭하면서 노릿한 냄새가 나는 것이 입맛을 돋우었다. 지금도 군침이 한입이다!

그런데 소태 중에도 희한한 소태가 다 있다. 바로 '오줌소태'다. 세균의 감염으로 오줌보에 염증이 생기는 질병, 방광염膀胱炎 말이다. 세균은 보통 오줌길(요도)을 타고 올라오는 상행 감염을 하기에 요도가 짧은 여성에게서 흔하며, 원인균은 80퍼센트 이상이 대장균이다. 급성방광염에 걸리면 하루 여덟 번 이상 소변을 보는 빈뇨頻尿 증상과 갑작스레 오줌이 마려우면서 참을 수 없게 되는 요절박尿切迫 증상이 나타나며, 배뇨 시에 통증을 느끼거나 배뇨 후에도 일을 덜 본 것 같은 잔뇨감을 느끼게 된다.

단지 웃자고 하는 말이 아니다. 남성의 요도는 여성과 달리 정액을 배출하는 통로로도 된다. 남성은 요도를 통해 소변과 정자가 함께 나가지만 여성은 난자와 소변이 다른 길로 나간다. 다시 말하면 여자가 남자보다 기관이 더 복잡하게 분화하였다. 하여 이를 여자가 남자보다 진화했다고 하는 까닭으로 삼는다. 보통 생물학에서도 기관 분화가 일어날수록 진화했다고 이야기하니까 말이지.

올챙이 적 생각은 못 하고
개구리 된 생각만 한다

"올챙이 개구리 된 지 몇 해나 되나"란 어떤 일에 좀 익숙해진 사람이나, 가난하다가 형편이 좀 나아진 사람이 지나치게 젠체함을 뜻하는 말이다. 비슷한 말로 "올챙이 적 생각은 못 하고 개구리 된 생각만 한다"거나 "개구리 올챙이 적 생각 못 한다"라고 하면 형편이나 사정이 전에 비하여 나아진 사람이 지난날의 미천하거나 어렵던 때의 일을 생각하지 않고 처음부터 잘난 듯이 뽐냄을 이르는 말이며, "올챙이 물로도 못 다니게 되다"는 북한 속담으로 형편이 아주 딱하게 됨을, 또 "가뭄철 물웅덩이의 올챙이 신세"란 머지않아 죽거나 파멸할 운명에 놓인 가련한 신세를 비유적으로 이르는 말이다.

올챙이의 옛말은 '올창' '올창이'로 개구리 유생을 뜻한다. 하지만 초보자나 어떤 조직의 맨 아랫사람, 또는 '올챙이배'라 하여 배가 몹시 나온 사람을 놀림조로 이르는 말이기도 하다. 또 '올챙이국수'는 강원도의 특별 음식이다. 메밀가루를 반죽하여 압축기에 넣으면 옹근 국수 가락이 곧바로 끓는 물속으로 떨어져 들어가니, 그 모양이 올챙이를 닮았다 하여 붙인 이름으로 '올갱이국수'라고도 한다.

양서강 무미목無尾目인 개구리나 두꺼비의 유생을 통틀어 올챙이tadpole라 한다. 양서류의 '양서兩棲'는 '물과 뭍' 양쪽이란 뜻이며, 순우리말로 '물뭍동물'이라 부른다. 그리고 양서류는 무미류無尾類와 유미류有尾類로 나뉜다. 전자는 성체에 꼬리가 없는 개구리와 두꺼비 무리이고, 후자는 도롱뇽이나 한국에는 없는 영원蠑蚖이란 무리로 성체에 꼬리가 있는 것들이다. 그리고 올챙이를 뜻하는 'tadpole'은 'tadde(두꺼비)'와 'pol(머리)'의 합성어라 한다.

암컷보다 좀 작은 덩치의 수컷이 암컷의 등짝에 올라타 앞다리를 암컷 겨드랑이 밑에 집어넣고 꽉 껴안는다. 말해서 포접抱接 행위로 암수 두 마리가 몸을 바짝 달라붙어 둘의 생식 구멍을 가까이 하고, 암컷이 알을 낳자마자 수컷이 정액을 뿌린다. 이것이 개구리의 짝짓기로, 그들은 이렇게 체외수정을 한다.

환경조건에 따라 산란 후 빠르면 1주일, 늦으면 3주 만에 알

이 부화한다. 몸통은 짧고 거의 원형에 가까우며 꼬리가 길다. 먹이는 식물성이지만, 황소개구리 등 2~3종의 올챙이는 육식성이라 한다. 예외 없는 법칙은 없다더니만…….

올챙이는 물에 살기에 아가미로 숨 쉰다. 처음 생긴 겉아가미는 아가미뚜껑(새개鰓蓋)으로 덮이면서 퇴화되고 급기야 속아가미가 생겨난다. 또 작은 이빨이 생기며, 입과 배 사이에 있는 접착기로 물풀들에 달라붙을 수 있다. 큰 꼬리는 양 옆에서 납작하게 눌려 물고기의 꼬리지느러미처럼 좌우로 움직인다.

그런데 뒷다리가 앞다리보다 먼저 생기고, 앞다리는 탈바꿈 단계 막바지에 가서 발생한다. 또 꼬리나 속아가미가 퇴화되면서 차차 허파가 발달하는 탈바꿈을 한다. 마지막 단계에서 머리 앞 언저리에 있는 아주 작고 동그란 입이 단숨에 쩍 크게 가로로 벌어져 째진 입으로 변한다. 그리고 바닥 흙이나 조류algae, 풀을 먹는 초식성이라 길게 배배 꼬여 무척 길었던 올챙이 창자는 육식을 시작하면서 시나브로 곧아지고 짧아진다. 이렇게 코페르니쿠스적 전환이 하루가 다르게 일어난다.

알다시피 티록신 호르몬은 이화(분해) 작용을 한다. 즉 포도당 분해를 증가시키고 체온을 높이며, 양서류의 탈바꿈과 조류의 털갈이를 촉진한다. 그리고 올챙이 꼬리의 탈바꿈도 변태호르몬인 갑상선호르몬(티록신)에 의하여 일어난다. 그럼 어린 꼬마 올챙이의 갑상선을 떼어버리면 어떤 일이 일어날까? 영영 탈바꿈하지 못하고 올챙이로 남는다. 반대로 어린 올챙이에다 티록신을 주사한다면? 허겁지겁 벼락같이 탈바꿈을 하여 '꼬마 개구리'가 된다. 그런데 척추동물의 호르몬은 그 성질이 같다. 돼지나 소의 이자호르몬(인슐린)을 당뇨병인 사람의 몸에 주입하는 것도 그런 까닭이다.

수온이나 먹이에 따라 다르지만 12~16주면 천신만고 끝에 어엿한 꼬마 개구리가 되어 마침내 눈을 부릅뜨고 기지개를 켜면서 육지로 올라오려 한다. 엄청 힘들고 고된 새 세상이 기다리고 있는 것도 모르고 말이지. 드디어 네 다리를 가지고, 허파호흡을 하면서 움직이는 벌레를 잡기 시작한다. 올챙이 때는 성깔진 잠자리 유충(학배기)에게 무참히 살육을 당했으나 극적인 반전이 일어난다! 드디어 잠자리가 개구리의 밥이 된다. 애고고, 이 일을 어쩌나. 일순간에 신세가 뒤바뀌어 포식자가 피식자가 되고, 피식자가 포식자가 되고 만다.

올챙이에서 개구리로 이행하는 과정에서 꼬리가 없어지는(흡수되는) 퇴화는 특이한 현상으로, 저마다 계획된 '세포 죽음apoptosis'인 것이다. 태아의 손가락이 발생할 때에도 이와 같은 세포 자살을 본다. 다시 말해, 원래는 손가락이 막으로 서로 붙어 있었으나 도중에 그 사이의 막이 스스로 죽으면서 손가락이 하나하나 따로 갈라져 나눠지는 것이다. 허나 어떤 원인으로 세포 자살이 일어나지 않으면 손가락이 서로 붙는 합지증合指症이라는 딱한 기형 손가락이 되고 만다. 이는 손가락들이 오리발처럼 붙어 있는 것인데, 하여 옛날 어른들이 임신 중에는 오리 알을 먹지 말라고 하는 까닭을 알았을 것이다. 그러나 이는 과학적으로 아무런 근거 없는 시뻘건 거짓말임을 밝혀둔다.

주로 남미의 독화살개구리들은 등짝에다 제 새끼를 업고 키운다. 이들은 피부에서 맹독성의 독액을 분비해 파리, 진딧물, 딱정벌레 등의 곤충을 잡아먹는 양서류들이다. 그리고 독액의 독성이 매우 강한지라 남미 인디오(북아메리카 인디언과 구별하여 라틴 아메리카 원주민을 지칭하는 말)들이 개구리 독을 채취해 독침에 발라 전쟁을 할 때나 동물을 사냥할 때 사용했다. 대신 퍽이나 어미의 안전한 보호를 받는 탓에 새끼를 적게 낳는다.

올챙이는 4주가 지날 즈음에는 벌써 사회성을 띠어서 물고기처럼 끼리끼리 떼를 짓는다. 그런데 이때쯤 한배(어미가 같은 경우)의 올챙이들과 다른 배의 올챙이들을 함께 모아 휘저어 섞어 보았더니 신통하고 방통하게도 다른 집의 것들과는 데면데면 지내고, 같은 DNA를 가진 단짝 형제자매들끼리는 살갑게 떼지어 바투 모이더란다. 어찌 귀신같이 알고. 유유상종類類相從이란 말은 이럴 때 쓰는 것이리라!

늙으면 친구보다 옛 추억이 더 좋다 하더니만 요즘 와서는 시도 때도 없이 어릿어릿 '올챙이 적 생각'이 떠오르는구나! 머잖아 새벽 도둑처럼 불쑥 들이닥칠 죽음이 기다리고 있는 탓이렷다.

딱따구리 부작

우리나라에 사는 11종의 딱따구리 중에서 청딱따구리, 오색딱따구리, 큰오색딱따구리, 쇠딱따구리 등은 텃새이고, 개미잡이와 붉은배오색딱따구리는 철새이며, 크낙새는 한국 특산종이다.

그런데 딱따구리가 '나무wood를 딱딱 쫀다peck'고 하여 영어로는 '우드페커woodpecker'라 하고, 한자어로는 '탁목조啄木鳥'라 한다. 또 딱따구리는 딱따기를 치며 순찰하는 '야경꾼'을 이르는 은어隱語이며, 매사를 신랄하게 비판하거나 막무가내로 짓떠드는 사람을 빗댄 말이기도 하다.

제목의 '딱따구리 부작符作'이란 무슨 일이든지 완벽하게 하려 하지 않고 허울 좋게 이름만 그럴듯하게 갖추는 것을 이르는 말이라 한다. 여기서 부작이란 부적符籍이 변한 말로, 잡귀를 쫓고 재앙을 물리치기 위하여 붉은색 글씨를 쓰거나 그림을 그린 종이를 일컫는다. 그래도 속담의 참뜻이 선뜻 떠오르지 않는다. 며칠을 두고두고 이리저리 생각하고, 이것저것을 찾다가 『지봉유설芝峯類說』에서 "딱따구리는 좀(나무굼벵이)을 만나면 부리로 글자를 그려서 부적을 만든다. 그러면 나무좀이 스스로 나온다"는 인용 기록을 기어이 찾아냈다. 이런 이야기를 바탕으로 그런 속담이 만들어졌을 것이라고 믿으면서……

『지봉유설』은 1614년(광해군 6년)에 지봉 이수광이 우리나라 최초로 편찬한 일종의 백과사전이다. 조선 중기 실학의 선구자인 이수광이 세 차례에 걸쳐 사신으로 중국을 다녀와 그곳에서 얻은 견문을 토대로 간행하였다 한다. 학문과 지식에 대한 갈망은 예나 지금이나 다르지 않으매……

그런데 독자들은 산길을 오르다가 나무껍질이 홀딱 벗겨지고 반들반들한 맨몸으로 서 있는 나목裸木을 본 적이 있을 것이다. 맨손으로 남은 껍질을 뜯어보지만 꿈적도 않는다. 야밤에 맞닥뜨리면 귀신이라 여길 만한 속살을 내놓고 말이지. 누가 나무 깝대기를 저렇게 속속들이 홀라당 빨가벗겨놨단 말인가? 이는 딱따구리의 짓으로 그 정도는 일도 아니다.

딱따구리는 딱따구리목 딱따구리과의 새로 세계적으로 200

여 종이 있고, 호주와 뉴질랜드, 마다가스카르, 극지방을 제하고는 아무 데나 서식한다. 열대우림지대에 가장 많고, 수상생활을 하며, 계절에 따라 이동하는 종도 있다. 거의 나무 구멍에 집을 짓지만 일부는 선인장이나 땅바닥에 굴을 파기도 한다.

딱따구리의 부리bill는 아주 길고 예리하며 힘이 세고 끝이 끌을 닮았다. 그것으로 오래 묵거나 썩은 나무의 몸통을 수월하게 쫀다. '따따따' 따발총 쏘는 소리가 산골짜기에 울려 퍼진다! 또 혀는 기다랗고 끈적끈적하며, 짧고 억센 가시가 가득 나서 나무 속 곤충을 번개처럼 싸잡아서 끌어낸다. 잡식성이라 딱정벌레, 개미, 흰개미, 거미, 나비 유충을 먹고 겨울에는 나무 열매나 곡식을 먹기도 한다.

딱따구리는 네 개의 갈쭉한 발가락 중 맨 처음 것과 넷째 것은 뒤로 향하고, 가운데 두세 번째 것은 앞으로 향해 있는데, 이와 같은 발가락을 '대지족對指足'이라 한다. 이런 구조는 벼랑 끝의 나무둥치를 붙잡거나 다박다박 무릎걸음으로 오르는 데 좋다. 또한 꼬리가 굵고 빳빳하여 몸을 나무에 넙죽(바짝) 붙이는 데 이롭고, 또 가뿐히 수직으로 붙어서 나선형으로 줄곧 사뿐사뿐 빙글빙글 돌아 나무를 타고 오른다. 번식 시기에는 딱딱 쪼는 소리로 터전(세력권)을 과시하고 짝을 찾기도 한다.

대부분 일부일처monogamous로 암수 구별이 어렵지만 수컷의 머리 꼭대기는 붉거나 노랗다. 생나무둥치(밑동)를 미루적거리지 않고 끈기로 악착같이 매매 파나가며 집을 짓는데 길게는 한 달이 거뜬히 걸린다. 집 출입구는 새 한 마리가 겨우 드나들 정도로 조붓하면서 둥글다. 마부작침(磨斧作針, 도끼를 갈아 바늘을 만든다)이요, 수적천석(水滴穿石, 작은 물방울이 바위를 뚫는다)이라 하더니만 대단한 새다! 집 바닥에다 한 배에 2~5개의 흰 알을 낳는데 컴컴한 굴이기에 여러 색으로 위장할 필요가 없을뿐더러 어미 눈에 잘 띄어 품고 보살피는 데 좋다.

재빠르게 반복하여 '딱딱딱' 억세게 절구질하느라 목이나 머리를 가누기 힘든 데다가 뇌가 상할 수 있을 터인데……. 그러나 뇌의 손상을 막기 위해 여러모로 적응하였다. 썩 두꺼운 두개골과 힘센 목 근육이 있어서 충격이 쉽사리 분산되어 뇌가 다치지 않고, 또 뇌의 크기가 작아 뇌와 두개골의 접촉을 최대한으로 줄인다. 그뿐만 아니라 나무를 쪼기 직전에 두꺼운 눈의 순막(瞬膜)을 닫아 나무 부스러기가 눈에 들어가는 것을 막으며, 콧구멍도 틈 모양으로 작다.

여기까지가 일반적인 탁목조의 특징이다. 다음은 대표적으로 쇠딱따구리와 크낙새의 특성을 알아보겠다. 오후 산책길에서 자주 만나는 쇠딱따구리는 딱따구리목 딱따구리과의 한 종이며, 몸길이 15센티미터, 몸무게 18~26그램으로 딱따구리

중에서 가장 작다. 쇠딱따구리의 '쇠'는 '쇠우렁이'나 '쇠기러기' 등의 '쇠'처럼 작다는 뜻이다.

몸 위는 짙은 갈색 바탕에 흰색 가로 줄무늬가 있고, 몸 아래는 흰색 바탕에 황갈색 세로 줄무늬가 있다. 수컷은 뒷머리 양옆에 빨간 반점이 있다. 쇠딱따구리는 한국, 일본, 중국, 러시아 동부에서 살고, 우리나라 전국의 야산과 공원, 숲에서 볼 수 있다.

크낙새는 몸길이가 46센티미터 정도로 우람한 것이 우리나라에서 제일 큰 종이며, 일본 대마도와 한반도에서만 산다. 수컷은 머리 꼭대기가 붉은색이고, 암컷은 검다. 배는 흰색이고, 부리는 황록색으로 끝이 검다.

6·25전쟁으로 산야가 황폐해진 것은 물론이려니와 외국에서 크낙새의 표본을 요구하여 남획한 것이 멸종한 까닭이라 하겠다. 이미 1920년에 일본 대마도의 것은 사라졌고, 1978년에는 남한에서도 완전히 볼 수 없게 되었다. 지극히 다행스러운 것은 북한의 강원도, 평산, 개성 등지에 50여 마리가 남아 있을 것으로 추정한다. 그러나 그 또한 확실치 않은 실정이다. 그들을 보호하는 것이 우리 몫이라 무진 애를 썼건만……. 크낙새가 이럴진대 당최 눈에도 안 차는 다른 생물들이야 말해서 뭘 하겠는가. 비통하기 짝이 없도다.

돼지 발톱에 봉숭아를 들인다

"돼지 발톱에 봉숭아를 들인다"란 옷차림이나 지닌 물건 따위가 제격에 맞지 아니하여 어울리지 않거나 분수에 맞지 않는 지나친 치장을 이르는 말로, "돼지 목에 진주목걸이" "돼지우리에 주석 자물쇠" "개 귀에 방울" "개 발에 주석 편자" "개 대가리에 옥관자" "개 발에 버선(토시)" "개에 호패" 등의 속담도 이에 해당되며, 값어치를 모르는 사람에게는 보물도 아무 소용 없음을 비꼬아 이르는 말이기도 하다. 또 "사모에 갓끈"은 끈이 필요 없는 사모에 갓끈이나 영자(갓끈을 다는 데 쓰던 고리)를 달았다는 뜻으로, 역시 차림새가 제격에 어울리지 아니함을 이르는 말이다.

그런데 봉숭아를 볼 때마다 김상옥 시인의 「봉선화」를 떠올린다. 학교 때 배워 달달 외웠던 기억이 아직도 생생하다. "비 오자 장독간에 봉선화 반만 벌어/ 해마다 피는 꽃을 나만 두고 볼 것인가/ 세세한 사연을 적어 누님께로 보내자······." 시에서라도 어린 시절을 만나면 즐거워야 할 터인데 왜 이리도 마음이 된통 저려오는지 모르겠다.

또 있다. 일제강점기 말에 김형준 작사, 홍난파 작곡으로 소프라노 김천애가 불러 유명해졌으며, 망국의 한이 서린 식민지의 비통함을 노래한 가곡 「울 밑에 선 봉선화」 말이다. 역경 속에서도 굽히지 않는 민족의 기상을 불러일으켰던 눈물겨운 극일저항克日抵抗의 노래가 아닌가. 절로 흥얼거리게 되는구나!

울 밑에 선 봉선화야 네 모양이 처량하다/ 길고 긴 날 여름철에 아름답게 꽃 필 적에/ 어여쁘신 아가씨들 너를 반겨 놀았도다

어언 간에 여름 가고 가을바람 솔솔 불어/ 아름다운 꽃송이를 모질게도 침노하니/ 낙화로다 늙어졌다 네 모양이 처량하다

북풍한설 찬 바람에/ 네 형체가 없어져도/ 평화로운 꿈을 꾸는/ 너의 혼이 예 있나니/ 화창스런 봄바람에/ 환생키를 바라노라

옛날에 으레 봉숭아를 장독대나 마당가에 즐비하게 심었으니, 이는 악귀나 돌림병 역귀를 막기 위함이었다고 한다. 손톱에 봉숭아 물을 들이는 것도 악귀에게서 보호하려는 뜻이 담겨 있다. 그리고 봉숭아는 뱀을 퇴치하는 데 효과가 있다는데, 실제로 봉숭아에서는 뱀이 아주 싫어하는 냄새가 나므로 근방에 뱀이 얼씬도 않는 까닭에 봉숭아를 금사화禁蛇花라고도 부른다.

봉숭아는 꽃의 생김새가 마치 봉鳳을 닮아 봉선화鳳仙花라 한다. 인도, 미얀마가 원산지이며, 아주 공격적인invasive 종이라 세계적으로 퍼졌다. 일본과 중국에서도 봉선화로 부르는데 우리의 표준어로는 봉숭아라고 한다. 물기가 있고 양지바른 땅에서는 웬만하면 잘 자란다. 키가 60센티미터 이상 되는 키다리종과 그보다 작은 난쟁이종이 있으며, 모두 곧게 자라고, 줄기에는 물기가 많다. 또 학교에서는 잎이 달린 채로 봉숭아의 줄기를 잘라 잉크 등의 색깔이 있는 물에 꽂아두어 물관을 타고 오르는 물의 빠르기 따위를 관찰하는 데 쓴다.

또한 봉숭아는 세계 곳곳에서 재배하는 원예식물로, 우리나라에는 삼국시대에 들어온 것으로 추정한다. 줄기는 높이가 30~50센티미터이고, 잎은 어긋나며, 잎자루가 있고, 좁은 타원형으로 가장자리가 톱니처럼 되어 있다.

꽃은 7~8월에 주로 피고, 꽃의 빛깔은 분홍색, 빨간색, 주홍색, 보라색, 흰색 등이며, 홑꽃과 겹꽃이 있다. 농염한 꽃봉오리들은 두세 개씩 잎겨드랑이에 달리고, 꽃대가 있어 밑으로 처지며, 좌우로 넓게 꽃잎이 퍼진다. 다섯 장의 꽃잎에 암술은 한 개, 수술은 다섯 개이고, 씨방에 털이 있다. 꽃 뒤와 아래에는 길쭉한 통 모양으로 꿀샘(밀선蜜腺)인 며느리발톱(거距)이 붙는다. 충매화라 벌이나 다른 곤충이 꽃가루받이를 돕지만, 꿀샘의 꽃물을 먹느라 바쁠 때는 새들이 옮기는 수도 있다.

열매에는 보드라운 잔털이 많고, 무르익으면 열매껍질(과피)이 갈라지면서 타원형의 황갈색 종자가 자동으로 툭! 튀어나와 멀리 퍼지는 삭과다. 영글고 알찬 열매를 만지거나 하면 덜컥 용수철처럼 터지므로 봉숭아의 꽃말은 "나를 건드리지 마세요"다.

또 민간에서는 봉숭아 뿌리를 말려 관절통이나 월경통이 있을 때 썼고, 잎의 즙으로 사마귀wart를 없애거나 뱀에 물린 데(사교상蛇咬傷) 쓰기도 했다. 특히 변비, 위염이 있을 때 쓰며, 베트남에서는 식물 추출액으로 머리를 감는다고 한다. 그리고 현대의학에서도 대머리나 전립선암에 관여한다는 남성호르몬을 줄이고, 위염의 원인균인 헬리코박터 파일로리Helicobacter pylori를 죽이는 것으로 밝혀졌다 한다.

자세히 보아야 예쁘고, 자주 보아야 사랑스럽다고 한다. 봉숭아는 어디에서나 볼 수 있는 친숙한 꽃이다. 봉숭아 꽃잎을 잔뜩 따서 괭이밥의 잎을 섞고, 백반白礬이나 소금을 조금 넣어 빻아서 손톱에 얹는다. 그리고 호박잎, 피마자잎 또는 헝겊으로 동여맨 후 하루가 지나면 손톱에 곱게 붉은 물이 든다.

물드는 원리는 괭이밥에 포함된 옥살산이 손톱을 물렁하게 하고, 백반의 알루미늄Al이나 소금의 나트륨은 매염제媒染劑로 물감의 흡착, 고착, 발색을 도와 봉숭아의 물색이 골고루 곱게 물들게 한다. 요즈음 여인네들은 '봉숭아 물들이기' 대신 매니큐어로 색칠을 한다. 하지만 어찌 그 손톱이 봉숭아 물을 들인 손보다 예쁠 수가 있겠는가.

절실하면 통한다고 했고, 천 번을 소리치면 소원대로 된다고 했다. 여성들의 검소하고 소박한 미용법(풍습)인 봉숭아 물들이기를 한자어로 '지염指染'이라 하는데, 이렇게 봉숭아로 손톱을 물들이는 것은 손톱을 아름답게 하려는 여인의 마음뿐만 아니라 붉은색에는 벽사(辟邪, 요사스러운 귀신을 물리치다)의 뜻이 있으므로 악귀로부터 보호하려는 민간신앙도 들어 있다. 곧 귀신은 붉은색을 두려워하므로 손톱에 붉은 봉숭아 물을 들여 병귀病鬼를 쫓겠다는 믿음에서 생긴 풍속이다. 그런데 첫눈이 내릴 때까지 손톱의 봉숭아 물이 남아 있으면 첫사랑을 만나게 된다는 이야기도 있단다.

국화는 서리를 맞아도 꺾이지 않는다

매화는 이른 봄추위를 무릅쓰고 제일 먼저 꽃을 피우고, 여름 난초는 깊은 산중에서 은은한 향기를 멀리 퍼뜨리며, 국화는 늦가을 첫추위를 이겨내며 굳세게 피고, 대나무는 모든 나무가 잎을 떨어뜨린 세한歲寒에도 푸른 잎을 내리 달고 있다. 이렇게 사군자는 각각의 사계절을 상징하는 식물이기도 하다. 각 식물 특유의 장점을 군자, 즉 덕과 학식을 갖춘 사람의 인품에 비유하여 이 네 식물을 사군자라고 부른다. 식물들에게서 배움을 얻으려는 그 마음이 그지없이 멋지고 훌륭하다 하겠다. 그리하려면 그 식물들의 생물학적인 특성과 생리 하나하나를 알아야 한다는 점에서 선조들의 안목이 무척 과학적이라 하겠다.

"국화는 서리를 맞아도 꺾이지 않는다"란 절개나 의지가 매우 강한 사람은 어떤 시련에도 굴하지 아니하고 꿋꿋이 이겨냄을, "짚신에 국화 그리기"나 "석새짚신(총이 매우 성글고 굵은 짚신)에 구슬감기"는 밑바탕이 이미 천한데 화려하게 꾸밈은 당치 아니함을, "거적문에 국화 돌쩌귀"도 제격에 맞지 아니하게 지나치게 치장함을, "서리가 내려야 국화의 절개를 안다"란 절개의 굳셈은 어렵고 힘든 때를 맞이해봐야 제대로 알 수 있음을 비유적으로 이르는 말이다.

조선 후기의 문신 이정보의 절개와 우국憂國을 노래한 시조 「국화야 너는 어이」를 고등학교 옛글 시간에 『청구영언靑丘永言』에서 배워 달달 외웠었지.

　　국화야 너는 어이 삼월동풍三月東風 다 보내고

　　낙목한천落木寒天에 네 홀로 피었는고

　　아마도 오상고절傲霜高節은 너뿐인가 하노라

모든 꽃들이 다투어 피는 따뜻한 봄을 보내고 나뭇잎이 죄다 떨어져버린 쓸쓸하고 추운 늦가을, 심한 서릿발 속에서도 굴하지 아니하고 외로이 절개를 지키는 홀로 핀 국화를 노래한 멋진 시조다.

또 미당未堂 서정주는 시 「국화 옆에서」 "한 송이의 국화꽃을

피우기 위해/ 봄부터 소쩍새는/ 그렇게 울었나 보다……"며 노래했다. 누군가는 이 시를 그럴듯하게 평하여 "하나의 생명체가 탄생하기까지 겪는 고난과 협동의 과정, 생명체의 원숙함을 불교적 인연설因緣說을 바탕으로 나타내고 있다"고 했다.

국화Chrysanthemum morifolium는 국화과의 여러해살이풀로 국菊 또는 구화(국화의 옛말)라고도 한다. 한국, 중국, 일본에서 재배하는 관상식물 중 가장 오랜 역사를 지녔으며, 사군자의 하나로 귀히 여겨왔다. 비슷한 식물에는 야생하는 산국, 구절초, 감국이 있고, 원예종 국화는 줄기가 곧고 튼튼한 반면 이런 야생화들은 줄기가 가늘어 흐늘거리기 십상이다.

학명의 Chrysanthemum는 그리스어(희랍어) 'chrysos(황금)'과 'anthemon(꽃)'이 합쳐진 말이다. 중국 원산이라고 하나 조상은 한국에 자생하는 감국甘菊이라는 설도 있다. 암튼 중국의 국화차와 한국의 국화주는 유명하며, 일본에서는 국화가 천황과 황실의 상징이기도 하다. 서구 문화가 유입되면서 장례식장에 흰 국화와 검은색 상복이 등장했다. 서양에서 흰 국화는 '고결'과 '엄숙'을, 검은색은 '죽음'을 의미한다고 한다.

국화는 높이 1미터 정도로 자라고, 줄기는 딱딱하게 목질木質이 된다. 잎은 어긋나며 깃꼴(우상羽狀)로 갈라진다. 꽃은 머리 모양과 흡사한 두상화頭狀花로, 중앙에 빽빽하게 난 아주 작은 낱꽃(소화小花)들이 배죽배죽 나온 '대롱꽃' 또는 '중심화'라 불리는 관상화와, 둘레에 다래다래 달려 나며 혓바닥을 닮아 '혀꽃'이라 불리는 아주 큰 설상화舌狀花로 이루어진다. 관상화는 암술과 수술을 다 가진 양성화이지만, 설상화는 암술만 가져서 불임이다.

그럼 씨도 맺지 못하는 주제에 '둘레 꽃'을 매달고 있단 말인가? 그렇다! 중심화가 발달하지 않아서 벌과 나비가 꽃을 알아보지 못하기에 이런 커다란 꽃을 달아서 곤충들에게 "우리 여기 있소" 하고 알리는 것이다. 거참, 꽃들도 예사롭지 않구나!

국화꽃은 노란색, 흰색, 빨간색, 보라색 등 품종에 따라 색깔과 크기, 모양이 다양하다. 꽃의 지름이 18센티미터 이상인 것을 대륜大輪, 9센티미터 이상인 것을 중륜中輪, 그 이하인 것을 소륜小輪이라 하며, 꽃잎의 형태에 따라 분류하기도 한다.

식물에는 일조 시간이 열두 시간 이하로 짧아야 꽃이 피는 단일短日식물과, 일조 시간이 길어야 피는 장일長日식물, 일조 시간과는 관계없이 꽃이 피는 중일中日식물이 있다. 국화는 낮이 짧은 가을에 피는 단일식물이므로 국화에 거적을 덮는다든지 하여 일조 시간을 줄여 개화를 촉진하는 단일 처리를 한다.

영어로는 '피레스럼pyrethrum'이라 부르는 국화의 일종인 제충국除蟲菊, C. cinerariqefolium을 살충제로 쓴다. 우리가 쓰는 모기향 등이 모두 이 제충국 꽃에서 뽑은 것이다. 제충국에는 살충 성분인 피레스린pyrethrin이란 물질이 들어 있어 곤충의 신경계를 마비시킨다. 어류에는 해로우나 합성 살충제에 비하면 독성이 없는 편이라 조류나 포유류에는 덜 해롭다. 제충국을 생산하는 주요 나라는 아프리카 케냐, 탄자니아, 르완다로 이들은 제충국을 농작물로 재배한다. 우리가 옛날에 마당가의 모캣불(모깃불의 경상남도 사투리)에 말린 쑥을 넣었던 것도 이 제충국과 관련이 있으리라.

그리고 '들국화'란 보통 가을철 산야에 일제히 피는 국화과 식물을 통칭하는 말로, 구절초속屬, 쑥부쟁이속, 개미취속의 식물이 여기에 든다. 보다 정확히 얘기하자면 들국화란 국화과의 산국(山菊, *C. boreale*)과 감국*C. indicum*을 일컫는다.

말은 앵무새지

"앵무새는 말 잘하여도 날아다니는 새다"란 앵무새가 비록 사람 시늉을 내어 말을 잘할지라도 한낱 새에 불과하다는 뜻으로, 말만 번지르르 잘하면서 실행이 조금도 따르지 아니하는 사람을 비꼬는 말이고, 비슷한 속담으로는 "말은 앵무새지"가 있다. "새장에 갇힌 앵무새"란 자유를 구속당하고 갇혀 있는 처지를 빗댄 말이며, 또 생각을 깊이 하지 않고 같은 말을 되풀이할 때 "앵무새처럼 조잘거린다" 하고, 원숭이처럼 남의 흉내를 썩 잘 낼 때도 "앵무새 같다"라 한다.

앵무새를 '앵무鸚鵡' '앵가(鸚哥, 앵무새 노래)' '팔가八哥' '팔팔아八八兒'라고도 부르는데 아마도 '팔八'과 '가哥'는 노래와 관련이 있는 말인 듯하다. 앵무새는 300종이 넘는 앵무과에 속하는 새를 두루 일컫는 말로, 아열대와 열대지방에 서식하고, 호주, 뉴질랜드, 아프리카, 남미, 중남미 등지에 산다. 반건조지대의 초원이나 숲의 나무에서 무리 지어 생활하며, 나무를 기어오를 때는 부리를 보조 도구로 이용한다. 나무 위에 사는 까닭에 땅바닥에서 걸을 때는 어색하게 몸체를 뒤뚱뒤뚱 휘적거리는 지게걸음(흔들걸음, rolling gait)을 한다.

우리가 새장에서 흔히 키우는 앵무새들은 대부분 호주와 남미에서 들여온 것으로 야생종을 길들인(순치) 사육 품종이다. 그런데 애완조로 삼기 위해 마구 남획한 탓에 흔전만전했던 소중한 야생 앵무새들의 개체 수가 이미 가뭇없이 줄어들어 외지고 으쓱한 산속에만 그리 많잖게 살아남아 영락없이 보호대상종이 되었다고 한다. 제 닭 제 잡아먹기인 줄도 모르는 맹추 인간 나부랭이들이라니……. 세상에 살아남는 것이 없을 판이다.

앵무새는 몸길이 10센티미터밖에 안 되는 소형에서 99센티미터에 이르는 대형까지 다양하고, 꽁지도 긴 종과 짧은 종이 있다. 다리는 짤막하고 가는 편이며, 발가락은 두 개가 앞을 향하고 나머지 두 개는 뒤를 향하는 대지족이다. 부리는 짧고 굵으며, 위턱의 것이 훨씬 길어 아래로 갈고리 모양으로 굽었다. 2차 성징에 따른 암수 다름(성적이형性的異形)이 거의 없어 암수의 구별이 어렵다.

또한 색깔이 곱고 아름다워 세계 여러 나라에서 많이 키우고, 머리가 좋아 계산 능력, 언어 능력, 기억력도 적이 뛰어나 과학자들의 연구 대상이 되고 있다. 앵무새는 먼발치에서도 귀신같이 낯선 사람을 알아내는 까마귀, 까치, 어치(산까치)와 함께 포유류의 지능에 맞먹는다. 그런데 포유류는 대뇌피질에 지능 중추가 있다면 새들은 전뇌의 중간 부위에 있다 한다.

앵무새에게 말을 가르치는 데는 인내와 끈기가 따라야 한다. 먼저 손가락 위에 새를 올려놓고, 입을 가까이 대 쉬운 말부터 떠듬떠듬 목청을 돋우어서 반복하여 외울 때까지 계속해서 가르친다. 수컷이 좀 더 잘하는 편인데, 끼고 살다시피 하면서 한 사람이 가르치는 것이 좋다. 이 또한 교육이라 나무를 가꾸듯 참고 기다리지 않으면 안 된다. '양수즉양인술養樹卽養人術'이라고, 나무를 키워보면 사람 가르치는 법을 배운다고 한다.

대개 떼를 지어 살고(군집생활), 나무 열매, 씨앗 종자, 버섯, 꽃의 꿀 등을 먹으며, 드물게 곤충도 먹는다. 저절로 생긴 나무 구멍(구새통)이나 딱따구리 둥지, 흰개미의 개미탑들을 둥지로 써서 새끼를 치지만 돌 틈새나 나뭇가지에 집단으로 둥우리를 틀기도 한다. 호주에서는 땅 위에 둥지를 트는 종도 있다. 종에 따라 1~12개의 알을 낳아 암수 또는 암컷이 품는다.

여기까지가 앵무새들의 전체적인 특징이었다. 다음은 우리

나라에서 가장 많이 키우는 앵무새로 흔히 '잉꼬'라 부르는, 영어 이름인 '러브 패럿love parrot'을 따라 쓴 것으로 보이는 사랑앵무budgerigar의 이야기다. 일본은 앵무새를 구분하는 과정에서 작은 종류의 앵무새를 잉꼬(いんこ)라고 불렀는데, 이것을 우리나라에서도 그대로 따라 부르게 되었다. 잉꼬는 앞에서 말한 앵가의 일본식 발음이며, 사랑앵무를 '녹색잉꼬'라 부른다.

이 새는 호주가 원산지로 지난 500만 년 동안 거기서 살아온 야생조류를 길들인 것이다. 그곳의 야생 사랑앵무는 어림잡아 몸길이 18센티미터, 몸무게 30~40그램으로 사육하는 것보다 몸피가 사뭇 작다. 자외선을 비추면 깃털에서 형광을 내는데, 이는 아마도 애무와 짝짓기에 관계가 있을 것이다. 호주 내륙의 건조한 지역에 서식하며, 작은 떼를 지어 살지만 환경조건이 좋으면 아주 큰 무리를 지어 먹이나 물을 찾아 이동한다. 또해 뜨기 전에 활동을 시작해 낮 동안 먹이를 찾는데 주된 먹이는 땅에 떨어진 풀씨나 곡류 등이다.

사랑앵무는 세계적으로 개와 고양이 다음으로 자못 사랑받는 멋진 동물이다. 몸 색깔은 변이가 많아 연두, 노랑, 하얀빛을 띠고, 몸매는 유선형으로 다부지고 날쌔게 생겼다. 또록또록한 눈알에 뾰족한 칼깃을 한 날개와 꼬리, 작은 몸집, 독특한 깃털 빛깔을 가졌다.

이마는 노란색이고, 머리에는 노란색과 검은색 줄무늬가 있으며, 뺨에 자주색과 검은색 반점이 있다. 다리는 분홍색 또는 회색으로 역시 대지족이다. 위 부리가 아래 것보다 훨씬 길어서 입을 다물면 아래 것을 덮고, 부리는 분홍빛을 띤 갈색이다. 목울대가 커서 여럿이 울면 시끌벅적 동네가 떠나간다.

사랑앵무도 지능이 다른 앵무새와 비슷하여 말을 배울 수 있고, 심지어 호루라기 소리도 흉내 낸다. 필자도 한때는 선인장에 미쳤다가 나중에는 새 기르기에 홀딱 반한 적이 있어 이들의 생태를 알 만큼 안다. 그런데 그때는 사랑앵무에게 말을 가르칠 수 있다는 것을 꿈에도 몰랐다. 알았다면 가르쳐서 내 아이들에게 한번 뽐냈을 터인데. 구관조(까마귀 닮은 커다란 새) 같은 것들이나 길들일 수 있는 것으로 알았지 뭔가.

사랑앵무는 널따란 방에서 기르는 것이 가장 좋지만, 새장에서 기르더라도 되도록 큰 것을 준비하는 것이 좋다. 함께 놀기를 좋아하기에 장난감을 새장에 넣어주고, 마실 물과 줄기가 딱딱한 푸성귀도 넣어줘야 하며, 칼슘 보충을 위해 수시로 굴 껍질이나 갑오징어 뼈를 철사로 고정시켜 매달아주면 갉아 먹는다. 주로 곡식 낟알을 먹는 앵무새라 모이는 피 6, 좁쌀 3, 수수 1 비율이 좋다. 눈치 빠른 사랑앵무와 친해지는 방법은 볼을 살갑게 긁어주는 것이다.

석류는 떨어져도 안 떨어지는
유자를 부러워하지 않는다

"석류는 떨어져도 안 떨어지는 유자를 부러워하지 않는다"
란 석류와 유자는 모두 신맛이 나는 열매이지만 석류는 익으면
저절로 떨어지고, 유자는 쉽사리 안 떨어져 서로 다른 특성을
가지고 있다는 데서 비롯된, 누구나 다 저 잘난 멋에 살게 마련
이라는 말이다. 그리고 "얽어도 유자"란 가치 있는 것은 조금
흠이 있어도 본디 갖춘 제 값어치는 지니고 있다는 말이다.

"지울 수 없는/ 사랑의 화인火印/ 가슴에 찍혀/ 오늘도/ 달아
오른/ 붉은 석류꽃……." 이해인 시인이 노래한 「석류꽃」의 시
작 부분이다. 흔히 시인을 '언어의 마술사'라 하는데 이 시에서
도 그런 요술을 보는 듯하다. 어쩜 붉은 석류꽃에서 활활 타오
르는 사랑을 찾아내는지! 정녕 시인들의 그런 안목이 부럽다.

사물을 자세히 보려거든 시인이 되라 한다.

시큼 달짝지근한 새빨간 보석 석류를 상상만 해도 눈이 시리고 군침이 돈다. 우리 시골 집에도 세월의 더께가 더덕더덕 앉은 해묵은 고목 석류가 있었으니, 열매가 옹글게 익어갈 즈음이면 가녀린 가지가 힘에 부친 듯 축축 처져 뒤룽뒤룽 열매를 매달고 있었다. 그 모양새가 무척 풍요롭고 예스러웠을뿐더러 열매가 절로 쩍쩍 갈라져 핏빛 속살을 뽐냈었지. 우리나라에서는 주로 남부 지방에 나고, 장독대 근처나 대문 입구 등에 심는다.

석류나무*Punica granatum*는 석류나무과의 갈잎큰키나무(낙엽교목落
葉喬木)로 학명의 *Punica*는 '널리 재배된다', *granatum*은 '씨앗'이
라는 뜻이다. 오늘날 아란, 이라크, 그리스, 터키를 아우르는
페르시아 제국이 원산지로 수천 년 전부터 재배해왔다.

오래 묵은 나무는 해가 갈수록 새삼 기품이 나고 늠름해지는
데 왜 사람은 나이를 먹으면 먹을수록 노추老醜해지는 것일까?
석류나무는 지긋이 200년이나 나이를 먹고 살기에 서양에서는
생명, 권력, 아름다움, 생산력의 상징으로 여겨왔다. 세계적으
로 500여 품종이 있고, 현재 지중해 연안, 유럽, 중동, 인도 등

건조한 지역에서 많이 재배되고 있다. 그중에 씨가 맺히지 않는 품종을 골라 키우기도 하니 꽃을 보기 위함이다.

석류나무는 키가 5~7미터에 달하고, 수피는 갈색이며, 나무줄기는 매끈하지 못하고 꺼칠하다. 또 나무줄기가 자라면서 뒤틀리고, 가지 끝이 가시로 변하는 가시나무다. 잎은 길이 2~8센티미터로 마주나고, 타원형 또는 달걀을 거꾸로 세운 모양이다. 석류나무를 뜻하는 '파미그래닛pomegranate'은 라틴어 'pōmum(사과)'와 'grānātum(씨가 들어 있다)'가 합쳐진 말이라 한다.

건조한 땅에 잘 견디지만 찬 기온에는 약해서 한겨울에 섭씨 영하 12도 아래로 내려가면 죽고 만다. 암꽃과 수꽃이 한 꽃봉오리에 피어나는 맵시로운 양성화이고, 한 꽃에 하나의 암술과 많은 수술이 들었으며, 5~6월경에 가지 끝에 꽃이 달린다. 꽃잎은 퍽이나 현란한 빨간색으로 여섯 장이고, 서로 포개지면서 주름져 핀다. 눈부시도록 찬란한 꽃 색깔과는 달리 향기는 아주 부드럽고 엷다.

발개진 열매는 지름 5~12센티미터로 둥글고, 껍질은 매우 두꺼우며, 익으면 두꺼운 겉껍질이 빠끔히 열리다가 단숨에 쩍 벌어지면서 비로소 붉은 구슬처럼 빛나는 예쁘장한 알몸을 드러낸다. 종자를 둘러싼 육질의 종피種皮는 희거나 자주색이며, 살이 많은 붉은빛의 종피를 '다육외층多肉外層'이라 한다. 씨알이

다닥다닥 이빨처럼 알차고 푸지게 꽉꽉 박혀 있으니 열매 하나에 씨앗이 200~1400개 들어 있다. 참고로 과일을 통째로 얼렸다가 껍질을 벗기면 씨를 수월하게 뗄 수 있다 한다.

석류는 이렇게 종자(씨)가 많아 다산을 상징하고, 생남生男의 표징이며, 민화 등의 예술품이나 문학작품에도 등장한다. 또 새색시의 혼례복인 활옷이나 원삼圓衫에는 유별나게 포도나 석류 문양이 많은데, 이는 열매를 다래다래 매단 포도나 석류 송아리처럼 아들을 많이 낳으라는 기복祈福의 의미가 담겼다. 중국에서도 생식력fertility의 상징으로 여겨 석류를 벽에다 대롱대롱 걸어놓는다고 한다.

그런데 원산지와 아주 먼 곳인 한국과 일본에서 석류나무를 많이 재배한다. 이는 성장이 매우 느리고, 꽃이 예쁘며, 줄기가 딱딱하고, 자라면서 살갑게 뒤틀리는 특성을 가져 분재로 심기에 좋기 때문이다. 분재를 뜻하는 일본말 '반사이bonsai'는 세계적으로 쓰이며, 분재에는 몸집이 작은 난쟁이 품종인 *P. granatum var. nana*를 주로 쓴다.

석류는 새콤달콤한 맛을 내는 유기산인 구연산이 1.5퍼센트 들었고, 나트륨, 칼슘, 인, 마그네슘, 아연, 망간, 철 등 무기질이 풍부하며, 비타민 B나 비타민 K도 들어 있다. 그리고 부인병, 부스럼, 이질에 약효가 뛰어나며, 심지어 촌충寸蟲의 구충제로도 쓴다. 근래에 이르러 전립선암, 당뇨, 감기, 동맥경화, 남성 불임, 노화, 골다공증에 좋다는 것이 밝혀졌으며, 특히 천연 식물성 에스트로겐이 있어 여성 건강에 좋은 과일로 알려졌다.

우리는 석류를 날것으로 많이 먹지만 서양에서는 과실주나 식초, 소스를 만들어 먹고, 인도나 유럽 등에서는 씨앗을 향신료로 쓴다. 씨앗에는 식이섬유가 많고, 고급 지방산이 많이 들어 있으니 석류는 씨앗째로 씹어 먹는 것이 좋다. 품종과 완숙의 정도, 산성인 떫은 타닌의 양에 따라 맛이 조금씩 다르다.

석류 씨 기름에는 세포를 해치고 노화를 촉진시키는 활성산소를 제거하는 물질이 녹차나 와인보다 더 많이 들었다. 또 상피를 강화하고 고스란히 재생시켜 피부에 생기는 잔주름을 예방한다. 그리고 항세균, 항바이러스, 항염증에 좋을뿐더러 검버섯age spot이나 햇볕에 그을려 생긴 점도 없앤다. 불포화지방산인 푸니크산punicic acid과 세포의 신생과 재생을 돕는 식물화학물질도 들어 있다. 또 우리 몸이 스스로 만드는 항산화물질인 글루타티온glutathione의 생성도 촉진한다. 석류가 알게 모르게 건강에 더없이 좋은 모양이다! 석류의 꽃말도 '원숙한 아름다움'이란다.

동풍 맞은 익모초

　"동풍東風 맞은 익모초"란 무슨 일인지 알지도 못하면서 우왕좌왕 부화뇌동附和雷同, 즉 줏대 없이 남의 의견에 따라 움직인다는 말이고, "동풍 닷 냥이다" 하면 난봉(허랑방탕한 짓)이 나서 돈을 함부로 날려버림을 조롱하는 말이다. "마파람(남풍)에 게 눈 감추듯"이 음식을 빨리 먹어버리는 것을 빗대 이르는 말이라면, "샛바람(동풍)에 게 눈 감기듯"이란 게 샛바람에도 눈이 얼른 감겨버리듯이 몹시 졸림을 비유한 말이다. 앞의 속담을 두루 풀어보면 겨울철 끝 무렵에 부는 동풍(춘풍)에 대한 인식이 꽤나 부정적임을 알 수 있다. 암튼 겨울 추위를 가까스로 넘긴 어린싹 익모초가 찬 기운을 가득 품은 춘풍을 맞았으니 제정신일 리가 없다.

익모초益母草, chinese motherwort를 '육모초'라고도 부르지만 익모
초만 표준어로 삼는다고 한다. 암튼 먼 옛날부터 이용해온 약
용식물로 쓴맛이 너무 강해 환으로 만들어 먹곤 했다. 그런데
서양 말인 '워트wort'는 익모초를 '머더워트motherwort', 쑥을 '머그
워트mugwort'라 하듯이 약으로 쓰는 식물의 이름 끝에 붙인다.
어쨌거나 익모초의 영어 이름에도 '어머니mother'가 든 것이 매
우 신통하다 하겠다.

익모초란 이름의 유래다. 옛날 어느 마을에 가난한 모자가
살았다. 어머니가 사내아이를 낳고 내리 배가 아팠지만 형편
이 어려워 약을 지어 먹을 수가 없었다. 그래서 한의원에서 받
아온 약재를 아들이 들판에 나가 직접 캐어 어머니께 달여드리
니 어머니의 몸이 말끔히 회복되었다. 그래서 '어머니를 이롭
게 하는 풀'이란 뜻에서 유익하다의 '익'과 어머니 '모' 자를 합
해 '익모초'란 이름이 붙었다고 전해진다. 믿거나 말거나지만
아주 멋진 이름이다!

익모초Leonurus japonicus의 우리말 이름은 눈비얏(옛)이고, 꿀풀
과의 해넘이한해살이(월년초)로 2년에 걸쳐서 산다. 9월경에서
부터 싹을 틔워 조금 자라다 월동하고, 이듬해 봄부터 왕성하
게 쑥쑥 자란다. 학명 Leonurus는 익모초 총상꽃차례를 희랍어
'leon(사자)의 oura(꼬리)'에 빗대어서 만든 라틴어다. 그래서 보통

서양에서는 익모초를 '라이언 테일lion tail'이라 부른다.

꿀풀과의 식물은 전 세계에 3000여 종이 있고, 우리나라에는 골무꽃, 꿀풀, 깨꽃, 박하 따위의 120여 종이 분포한다. 이식물은 한국, 일본, 중국, 캄보디아를 원산지로 여기며, 만주, 아무르, 우수리, 티베트, 인도, 말레이시아 등지에 자생하고, 북미와 유럽에도 귀화하였다. 키가 큰 것은 2미터까지 자라고, 주로 밭가에 나지만 농촌 주변, 밭 언저리, 묵힌 땅(휴경지), 길가, 하천변, 개울, 산비탈 등 아무 데나 저절로 나서 자란다.

종자로 번식하고, 가을에 발아해서 로제트형의 작은 잎으로 겨울을 난 다음 이듬해 봄부터 본격적으로 성장한다. 잎은 어긋나며, 바소꼴로 톱니가 있고, 뒷면에 흰 털이 밀생密生한다. 줄기는 곧추서며, 단면이 사각인데 그 속은 흰색이고, 흰 털이 한가득 빽빽하게 난다.

꽃은 줄기 윗부분의 잎겨드랑이에서 7~8월쯤 보라색에 가까운 연한 자주색으로 피고, 길이는 6~7밀리미터이며, 마디에 층층으로 달린다. 입술 모양의 꽃부리는 상순上脣이 하순下脣보다 조금 긴 듯하고, 아랫입술은 다시 세 갈래로 나눠진다. 수술은 네 개로 그중 둘은 길고, 꽃받침은 끝이 다섯 개로 갈라지며 끝이 가시 같은 침 모양이다. 갈래열매(열과裂果, 익으면 벌어지는 과일)가 검은색으로 익으니 모서리(능각)가 세 개다.

익모초는 우리나라 한방에서 사용하는 대표적인 약초 가운데 하나이며, 또 중국 전통 한방에서 사용하는 50가지 기본 약초 중의 하나라 한다. 특히 이 풀을 부인병의 묘약으로 여겨 『동의보감』에서도 "임신과 산후에 생기는 여러 가지 병을 잘 낫게 하기 때문에 이름을 익모라고 한다. 또 임신이 잘 되게 하고, 생리를 순조롭게 하는 데 효력이 있어 부인들에게 좋은 약이다"라고 썼다 한다. 익모초에 든 가장 대표적인 알칼로이드 물질은 레오누린leonurine이다. 고신미한苦辛微寒이라고, 특이한 냄새에 맛은 쓰고 매우며, 성질은 약간 차다.

그리고 입맛이 없을 때나 갑작스러운 체증, 복통, 설사에 익모초를 생즙으로 먹거나 달여 먹으면 효과가 있다. 산전, 산후, 분만 유도에 쓰이고, 이뇨 작용이 좋아 신장염으로 인한 부기를 가라앉힌다고도 한다. 또 1년 중 가장 양기가 왕성한 단오날(음력 5월 5일), 양기가 최고조에 이르는 오시(午時. 오전 11시~오후 1시)에 익모초와 그해에 새로 자란 해쑥 잎(애엽艾葉)을 뜯어 말려 약으로 쓴다. 다시 말해, 꽃이 피기 전에 전초를 낫으로 베어 즙을 내어 먹거나 말려둔다. 그런데 전부 자르지 않고 연한 줄기와 잎만 자르고 나머지를 그냥 두면 꽃을 피우고 씨앗을 남긴다.

끝으로 필자 이야기다. 익모초 하면 여린 잎을 따 콩콩 찧어

쓰디쓴 진한 즙물을 한 사발씩 마시게 했던 어머니 생각이 절로 난다. "좋은 약은 입에 쓰지만 병을 고치는 데는 이롭다(良藥苦於口而利於病)"는 말을 실감케 하는 익모초다. 어릴 때 더위를 마셔 위장이 약할 대로 약해져 한여름만 되면 밤새 소 마구간('외양간'의 사투리) 앞에 쪼그리고 앉아 맹물 같은 설사를 했다. 용하다는 무당 할머니가 종잇장같이 얇은 내 뱃가죽을 된통 만졌으나 그게 무슨 소용이 있었을라고. 바로 요새 말하는 만성대장염으로 지금은 약 몇 봉지면 딱 떨어질 것을 여름 내내 그러고 있었으니 한심하기 그지없다.

암튼 어머니는 우물가에서 소 먹이고 온 나에게 삼베주머니로 매매 짠 진초록의 쑥물이나 익모초 물을 억지로 마시게 했다. 하도 써서 내키지 않았지만 그때는 선약仙藥에 드는 설탕 한 숟가락 얻어먹는 재미로 쓰다 달다 말도 않고 벌컥벌컥 마셨던 생각이 난다. 어머니, 고맙습니다. 어머니의 지고지순한 은혜로움에 팔십 줄에 들도록 여태 오래 이렇게 살아 있나이다. 지금은 위장도 썩 좋은 편이다. 사실 그 시절에는 포도당주사 맞잡이인 꿀이나 설탕이 약이 아닐 수가 없었지. 지금은 이토록 흔하고 많아 푸대접을 받지만 말이다.

열무김치 맛도 안 들어서 군내부터 난다

"열무김치 맛도 안 들어서 군내부터 난다"란 열무김치가 익지도 않았는데 군내부터 난다는 뜻으로, 사람이 장성하기도 전에 삐딱하게 엇나가거나 시건방지고 못된 버릇부터 배워 난봉, 바람을 피우는 경우를 비꼬는 말로 "시지도 않아서 군내부터 먼저 난다"라고도 한다. 여기서 군내란 본래의 제맛이 변하여 나는 좋지 않은 냄새로, 전라남도에서는 '군둑네'라고도 한다. 이런 냄새가 날 정도면 음식물이 부패(산패)하여 신맛을 낸다.

그런데 간장, 고추장, 된장, 술, 초, 김치 따위에서 군내가 나고 실라치면 국물 표면에 하얗고 얇은 곰팡이 막이 끼이니, 이를 '골마지' 또는 '꼬까지'라 한다. 고추장에 골마지가 생기는 것을 막기 위해서는 소금이나 설탕을 두껍게 뿌리거나 다시마,

미역 등으로 덮어주고, 동치미를 담글 때는 식초를 약간만 넣어주면 된다.

열무는 십자화(배추과) 무속의 잎채소(엽채葉菜)로서 '어린 무'를 말한다. 필자도 열무를 즐겨 심는다. 열무는 팔레스타인 지역이 원산지로, 모든 채소들이 장마에 흐물흐물 다 녹아버리는 한여름에 먹을 수 있어 좋다. 주로 김치를 담가 먹으며 물냉면이나 비빔밥의 재료로도 쓴다.

비교적 쉽게 기를 수 있고 생육 기간도 짧아서 봄에는 40일 전후, 제철인 여름에는 25일 전후면 수확하므로 1년에 여러 번 심을 수 있으며, 품종도 다양하다. 잎이 부드럽고 향기로운 맛이 나서 뿌리 부분보다는 잎을 주로 이용한다. 잎은 풋것으로 먹기도 하고, 데쳐서 참기름을 둘러 볶아 먹기도 하며, 알칼리성으로 섬유질이 풍부하고 비타민 A, C가 많다.

열무를 줄뿌림할 때는 호미로 채소밭의 흙을 얕게 파서 긁어내고 파종 골을 만든다. 그리고 골의 중간에 열무씨를 1~2센티미터 간격으로 한 알씩 뿌린 후 씨알이 안 보일 정도로 흙을 덮고(씨앗 지름의 1.5배) 물을 흠뻑 뿌려준다. 봄에는 파종 후 5~6일이 지나야 떡잎이 나오지만 여름에는 2~3일이면 발아한다. 열무에는 벼룩잎벌레가 잘 끼는데, 성충이 2~3밀리미터로 둥그스름하게 생긴 이 검은색 벌레는 떡잎에 상처를 내며 흉터까지 남긴다. 이럴 때는 농약을 확 뿌려버리고 싶지만 꾹 참고 지켜볼 뿐이다. 열무도 무섭게 달려드는 놈들을 용케도 이겨낸다. 그런데 가만히 보면 연약한 열무만 갉아 먹지 뒷심이 센 튼실한 열무는 벼룩잎벌레가 쉽게 먹으려들지 않는 것을 본다. 사람도 건강하면 잔병이 없다!

열무 이야기 끝에 총각무 이야기를 뺄 수 없다. 총각김치는 총각무로 담근다. 총각무는 중국소무의 품종으로 김치, 깍두기를 담가 먹는다. 총각무가 표준어이지만 되레 '알타리무'로 더 많이 알려져 있고, '알무' 또는 '달랑무'라고도 한다. 총각무 뿌리 모양이 총각의 음경과 유사하기 때문에 '총각무'라 부른다고들 하지만, 총각무의 총각(總角, 머리를 땋아서 뿔처럼 묶다)은 무청(무 잎줄기)이 아직 상투를 틀지 않은 총각의 땋은 머리채를 닮았다 하여 붙인 이름이라 한다.

여기에 가을 김장김치 이야기를 보탠다. 김치가 제맛을 내려면 배추가 다섯 번 죽어야 한단다. 땅에서 뽑힐 때 한 번, 배가 갈라지면서 또 한 번, 소금에 절여지면서 다시 죽고, 매운 고춧가루와 짠 젓갈에 범벅이 돼서 또 죽으며, 마지막으로 장독에 담겨 땅에 묻히므로 다시 한 번 죽는다. 나를 희생해야 맛깔 나는 김치가 된다. 풋내 나는 겉절이 인생이 아닌 농익은 김치의 인생을 살아라! 구구절절 옳은 말이다.

김칫거리에는 무와 배추가 주이지만 열무, 부추, 양배추, 갓, 파, 고들빼기, 씀바귀 등 70가지가 넘는다. 어디 김치를 배추 하나만으로 담는가? 무를 숭덩숭덩 잘라 채를 치고, 마늘, 생 강, 고춧가루, 소금, 간장, 식초, 설탕, 조미료 등 갖은 양념은 기본이며, 아미노산이 그득한 멸치젓, 어리굴젓, 새우젓에다 호두, 은행, 잣 등의 과일은 물론, 생고기인 북어, 대구, 생태, 가자미까지 넣는다. 생선의 단백질이 발효된 것이 젓갈이다. 그래서 김치는 누가 뭐래도 영양소를 고루 갖춘 종합 반찬이다.

이런 것을 다 품은 김치 포기를 김칫독에 넣고 김칫돌로 다 독다독, 꼭꼭 눌러 공기를 빼낸다. 김치 유산균들은 산소가 있 으면 되레 죽어버리는 혐기성세균이기에 공기를 다 빼버린다. 즉 염분에 잘 견디면서 산소를 싫어하고, 낮은 온도를 좋아하 는 유산균들만이 살아남는다. 그런데 어느 김치나 반드시 쌀이 나 밀가루로 풀을 쑤어서 넣지 않던가. 풀은 유산균이 먹고 자 랄 양분이 되는 것으로, 말하자면 세균을 실험실에서 키울 때 쓰는 양분이 고루 든 배지培地, culture medium인 셈이다.

이제 독 안의 유산균들이 천천히 번식을 하게 되니 '김치 발 효'다. 여러 유산균이 김치란 김치에는 다 들어 있기에 우리 조 상들은 유산균이 뭔지도 생판 몰랐지만 김치나 국물에서 유산 균을 섭취했던 것이다. 발효 음식의 대명사로 세계에 이름을 날린 'Kmchi'가 아닌가. 어찌 그리도 조상님네들이 지혜로웠던지 모를 일이다! 적이 놀랍다. 그래서 그들은 요구르트나 유산균 덩어리인 프로바이오틱스probiotics 따위를 따로 먹지 않고도 멀쩡하게 효험을 누렸던 것이다.

유산균이 번식하면서 내놓는 유기산이 침을 나오게 하고, 김치의 특유한 맛과 향을 낸다. 처음에는 다른 미생물들이 맥을 못 쓰고 유산균들만 득실득실 판을 치니, 말 그대로 유산균 세상이다. 아주 잘 익은 김치는 유익한 유산균이 99퍼센트요, 다른 세균이나 곰팡이가 1퍼센트 정도 들었다고 한다.

그러나 제행무상이라, 세상에 변하지 않는 것은 없는 법. 이런 상태가 얼마 지나다 보면 영락없이 산도가 떨어지면서(시어지면서) 유산균이 점점 줄어들고, 따라서 여태 꼼짝 못 하고 숨어 지내던 세균, 곰팡이 무리(효모)들이 재빠르게 득세하면서 김치에서 군내가 나고 질척이는 국물이 초가 된다. 일종의 '김치 부패'다. 때문에 아주 신 묵은지에는 유산균이 다 죽고 없다.

앞에서 유산균은 온도에 민감하다 했다. 그래서 김칫독은 응달에 묻으면 겨우내 독 안의 온도가 거의 변하지 않고 섭씨 영하 1도 근방을 유지한다. 이를 흉내 낸 것이 한국 고유의 발명품인 김치냉장고가 아닌가! 하긴 여느 발명품치고 필요의 산물이 아닌 것 없고, 자연을 모방하지 않은 것이 없지만 말이다.

사자어금니 아끼듯

"사자 없는 산에 토끼가 대장 노릇 한다"란 "호랑이 없는 골에 토끼가 왕 노릇 한다"와 같은 뜻으로, 뛰어난 사람이 없는 곳에서 보잘것없는 사람이 득세함을, "사자는 작은 일에 화내지 않는다"란 도량度量이 큰 사람은 사소한 일에 화내지 않음을, "사자어금니다"란 어느 것보다 매우 중요한 물건임을, 또 "사자어금니 아끼듯"이란 누구나 소중한 것은 아끼게 됨을 일컫는 속담이다.

사자후獅子吼란 말 그대로 '사자獅子의 울부짖음吼'을 이른다. 사자는 권위와 위엄, 용맹을 상징하는 백수의 왕으로 울음소리 하나로도 뭇 짐승을 무서움에 떨게 한다. 그런데 부처의 설법說法이 사자후에 비유되었고, 나중에는 '크게 부르짖는 열변'으로 쓰이게 되었다. 또 '성난 사자'란 보기만 해도 기가 죽는, 카리 스마 있는 사람을 비유한다.

사자는 예부터 신성함과 절대적 힘을 가진 상상의 동물로 신 령스러운 신물神物로 여겨왔다. 또 불교의 수호신인 사자는 불 교와 함께 우리나라에 전래되어 불상의 대좌臺座를 비롯해 불 탑, 석등, 부도 등 불교와 관련된 다양한 석조물에도 엄청나게 많이 쓰였다. 또 '북청사자놀음'이 있으니, 해마다 음력 정월 대보름을 전후하여 함경남도 북청 일대에서 사자탈을 쓰고 요 사스러운 잡귀를 몰아내는 놀이를 한다.

사자Panthera leo는 식육목食肉目 고양이과의 포유류로 호랑이P. tigris, 표범P. pardus, 재규어P. onca 등과 같은 속에 든다. 동의어로 Felis leo가 있으며, 여기서 '레오leo'는 사자란 뜻이다. 이들은 모 두 근연종近緣種이라 툭하면 종간교배種間交配가 일어나니 수사자 lion와 암호랑이tiger 사이에 라이거liger, 수호랑이와 암사자가 교 배하여 타이곤tigon, 수표범leopard과 암사자 사이에서 난 레오폰 leopon, 수재규어jaguar와 암사자에서 생겨난 재그라이온jaglion 들 이 있다.

사자는 고양이과에서 호랑이 다음으로 덩치가 크다. 그리고 사실 우리나라는 산악지대라 범이 진을 치고 살았지만, 사자가 살기에는 적합하지 않은 곳이기 때문에 녀석들이 살았던 흔적조차 없다.

지구상의 사자는 단지 한 종뿐이고, 종으로 따로 독립할 만큼 차이가 나지 않는 여덟 아종이 있다. 여기에는 야생에서 멸종된 것과 현재 멸종위기종endangered :EN, 심각한 위기종critically endangered :CR인 것들이 포함된다. 대부분의 사자는 아프리카 동남부에 살고, 20세기에 접어든 지 겨우 20년 만에 어처구니없게도 30~50퍼센트나 수가 줄었다고 한다.

이렇듯 사자는 주로 아프리카에 살지만 여덟 아종 중에서 아시아사자Panthera leo persica를 보자. 녀석은 '인도사자'나 '페르시아

사자'라고도 불리며, 몸길이 1.5~2.5미터, 몸무게 120~250킬로그램 정도이다. 필자의 몸무게가 69킬로그램인 것에 비해 아주 큰 편이다! 과거에는 인도, 터키, 아라비아, 방글라데시에 걸쳐 서아시아 전역에 널리 분포하였으나 현재는 서부 인도의 국립공원에만 기껏해야 300마리 정도가 남았다. 한마디로 목숨이 간당간당하다.

사자는 수컷이 암컷보다 훨씬 허우대가 크고, 아종은 차이가 있어 몸무게 100~250킬로그램, 몸길이 165~250센티미터, 꼬리길이는 75~100센티미터다. 털빛은 황갈색 또는 회갈색으로 털은 짧다. 또 돌연변이로 흰털사자albino가 태어나는 수도 있다. 몸매는 뛰어오르기보다는 달리기에 알맞게 생겼고, 단거리를 시속 60킬로미터 정도로 달음박질치는데 빠를 때는 80킬로미터까지 속도를 낸다.

수컷 목덜미의 우람한 갈기는 고양이과에서 유일한 것으로 상대(적)의 낌새를 채면 버쩍버쩍 세워서 몸집을 과시한다. 갈기의 길이나 색채는 나이나 지역에 따라 달라서 나이가 먹을수록 길어지고, 차츰 검은색을 띤다. 건조한 반사막지대에 사는 사자의 갈기는 짧고 연하지만, 습지대에 사는 사자의 갈기는 길고 검다. 갈기가 숫제 없는 것도 있다.

눈알은 둥글고, 입은 넓으며, 둥글넓적한 귓바퀴 뒷면에 검은 반점이 있다. 또한 강한 다리와 턱, 8센티미터에 달하는 예리하고 긴 송곳니를 가지고 있다. 송곳니는 사냥감을 깨물거나 고기를 갈기갈기 찢기에 알맞으며, 어금니는 아래위 아귀가 딱 맞아 잘 씹을 수 있게 되어 있다. 평소에는 닳지 않게 예리한 발톱(족지갑足指甲)을 감추고 있다가 적수를 만나 싸움질을 하거나 먹잇감을 잡을 적엔 불쑥 내민다. 또 암수 모두가 꼬리 끝에 여러 가닥의 실이 모인 술 모양의 흑갈색 큰 털 뭉치가 있는 점도 사자의 두드러진 특징이다.

암컷은 시도 때도 없이 발정하며, 뒤로 난 수컷의 음경에는 몹시 꺼끌꺼끌한 가시 같은 돌기가 있는데, 교미 이후 암컷의 질에서 그것을 뽑을 적에 돌기들이 질을 자극하여 암컷으로 하여금 서둘러 배란하게 한다. 암컷은 걸핏하면 여러 수컷들과 교잡하고, 임신 기간은 105~110일이며, 한 배에 두세 마리를 낳는다.

사자는 주로 사바나지대나 초원에서 무리 지어 서식하는 무리 동물이다. '프라이드pride'라 부르는 '공동체 영역'을 정해놓고 살며, 큰 프라이드에는 30~40여 마리나 살지만 보통은 암컷 대여섯 마리와 새끼들, 수컷 한두 마리로 이루어진다. 사냥은 주로 암컷이 하고, 수컷은 세력권(영지領地)을 지킨다. 무리 일부는 사냥감을 쫓고, 나머지는 너부시 엎드려 숨었다가 벼락같이 똘똘 뭉쳐 덤벼드는 공동 작전을 펼친다. 또 야행성이라 야간 사냥을 주로 하지만 새끼 치는 날에는 낮에도 먹이를 다반사로 잡는다.

사냥감으로는 얼룩말, 영양, 기린, 물소, 사슴, 멧돼지, 임팔라가 있다. 사냥을 할 때 작은 동물은 발로 내리 때려서 즉사시키고, 큰 동물은 목을 물고 누르거나 입으로 입과 콧구멍을 막아 질식시킨다. 그러나 먹잇감이 동나면 절로 물불 가리지 않고 먹이의 반수 이상을 죽이거나 다른 동물이 먹다 남긴 것을 뒤져 먹으니, 죽은 동물을 말끔히 먹어 치운다고 하여 청소부 scavenger라 한다.

늙어빠진 수컷은 기어코 프라이드에서 쫓겨나기 일쑤이고, 무리가 너무 커지면 암컷도 일부 쫓겨나 떠돌이 신세가 된다. 그리고 외부에서 뒤늦게 새로 들어온 혈기 넘치는 수컷이 이윽고 흉물스럽게도 눈을 부릅뜨고는 앳된 의붓자식 새끼들을 천연덕스레 인정사정없이 물어 죽이고, 암컷들을 다그쳐 제 새끼(유전자)를 배게 하니, 이를 '브루스 효과Bruce effect'라 한다. 고얀 놈들이 몸서리칠 일을 저지른다. 그놈의 씨가 무엇이기에……. 참, 피라미드를 지키는 스핑크스의 몸통(동체胴體)도 사자 꼴이지?

터진 꽈리 보듯 한다

줄기에 대롱대롱 달린 것이 등불 같다 하여 꽈리를 등롱초燈
籠草라 하고, 속 열매가 옥구슬 같다 하여 왕모주王母珠라고도 한
다. 입으로 부는 꽈리 말고도 속이 텅 빈 허파꽈리(폐포)나 꽈리
고추의 꽈리도, 또 혈관 벽이 얇아져 혈압을 못 이겨 뇌혈관이
풍선처럼 부풀어 오른 뇌혈관꽈리(뇌동맥류腦動脈瘤)도 꽈리다. 또
한 꽈리는 가지과의 여러해살이풀로 감자, 토마토, 고추, 담
배, 가지, 까마중, 구기자나무와 같은 과에 들고, 등燈을 닮았
다 하여 '중국 등chinese lantern' '일본 등japanese lantern'이라고도 불
린다.

기억에 가물가물한 그 옛날, 필자가 어릴 때만 해도 지천으
로 널려 있던 풀과 나무가 장난감이었고, 땅바닥이 흑판(칠판)이

었으며, 뾰족한 돌멩이가 분필이었다. 늦가을 빨갛게 익어가는 꽈리를 따 껍데기를 홀랑 뒤집어 벗기고는 그 안에 봉긋이 매달린 똥그랗고 새빨간 열매를 조심스럽게 배배 틀어 잡아뗀다. 매끈하고 탱글탱글한 그놈을 두 손가락 사이에 넣고 뱅글뱅글, 조물조물 눌러 돌려가면서 몰랑몰랑하게 한 다음에 껍데기에 붙었던 배꼽 자리를 굵은 바늘로 구멍을 크게 뿅 뚫는다.

이제 꽈리 안에 빽빽이 한가득히 있는 100여 개의 씨를 빼낼 차례다. 매끈매끈한 그놈을 억척같이 살금살금 돌려가면서 살짝살짝 거듭 눌러 걸쭉한 열매즙과 함께 씨를 모조리 빼낸다. 허기질라치면 구멍에서 솟구치는 즙과 씨를 통째로 후르르 빨면서 애써 씨앗 빼기를 이어간다. 어쩌다 잘못하여 꽈리가 터지는 날에는 쓸모없어지므로 "터진 꽈리 보듯 한다"란 속담이 생겼다. 이는 사람이나 물건을 아주 쓸데없는 것으로 여겨 중요시하지 아니함을 비꼬아 이르는 말이다. 암튼 이렇게 씨를 빼낸 다음 바람을 채워 입에 넣고 아랫입술과 윗니로 지그시 누르면 '삐!' 하고 소리가 나니 어린이들의 좋은 장난감이 된다. 그때 한동안 고무로 만든 인조 꽈리가 유행했었다.

그리고 그때는 우리 곁에 있는 모든 것이 죄다 노리갯감이었다. 대나무를 쪼개 활을, 작은 통 대나무로는 물총이나 딱총을, 수수깡(수수 줄기의 껍질을 벗긴 심)으로 안경을 만들었으며, 수

숫대를 잘 얽어서 물레방아를 만들어 소나기 빗물을 가둬뒀다가 흐르는 물길에 방아를 돌렸지. 참고로 "수수깡(수숫대)도 아래위 마디가 있다"란 어떤 일에나 위아래가 있고 질서가 있음을 이르는 속담이다. 또 보리 풀잎이나 나뭇잎을 따 입술 사이에 끼우고 후후 불었으니, 풀피리다. 암튼 연년세세 이어왔던 어린이 놀이문화도 다 사라져 멸종할 지경에 이르렀다. 생물 보호만 부르짖을 것이 아니라 이런 것들도 잘 보존하면 그지없이 좋을 터인데……

하얀 꽈리 뿌리줄기는 아주 공격적으로 멀리 사방으로 길게 번지고, 줄기는 곧추서며, 가지가 갈라지면서 키가 40~60센티미터로 자란다. 긴 잎자루를 가진 넓적한 잎은 달걀꼴로 밑은 둥글고 끝이 뾰족하며, 가장자리에 톱니가 있다. 원산지는 동아시아이고, 한국, 일본, 중국에 나며, 우리나라에서는 중부 이남에 자생한다.

7~8월에 가지 꽃을 쏙 빼닮은 하얀 별꽃을 피우는데 잎겨드랑이에서 나와 한 송이씩 달린다. 꽃부리는 지름이 1.5~2센티미터이고, 가장자리가 다섯 갈래로 얕게 갈라져 수평으로 퍼진다. 수술은 다섯 개이고, 암술은 한 개이며, 제꽃가루받이(자가수분自家受粉)을 한다.

꽃받침은 종처럼 생겼고, 끝이 얕게 다섯 개로 갈라지며, 영글면서 열매를 감싼다. 꽃받침이 변한 꽈리 껍질(집)은 처음에는 진한 녹색이지만 익어가면서 붉은빛이 도나 싶더니 막바지에 새빨갛게 변한다. 이 지름 5~7센티미터의 진홍색 '지등紙燈'은 바싹 말라 꺼끌꺼끌하고 바스락거리는데, 이는 해충으로부터 열매를 보호하기 위함이다. 그리고 꽃이 진 뒤에는 지름 1.5센티미터 정도의 광택 나는 구슬 모양의 장과를 맺는데 이 역시 영글면서 새빨갛게 된다.

그런데 완전히 익기 전에 꽈리를 줄기째 따서 말리면 겉의 잎살(엽육葉肉)은 다 녹아버리고 잎맥들이 격자 모양으로 남는다. 다시 말해, 겉껍질은 그물처럼 얼금얼금해지고 속 열매는 빨간불이 휘영청 켜진 듯하여 전체가 등처럼 보인다. 하여 서양 사람들은 이런 모습을 '우리 속의 사랑love in a cage'이라 부르고, 일본인들은 '귀신 등불(귀정鬼灯)'이라 한다.

여러 개의 빨간 등불이 달린 밭의 꽈리(줄기)를 꺾어와 책상 곁에 놓고 이 글을 쓰고 있다. 겉껍질을 짜개 안에 든 알 구슬 하나를 톡 따서 아작아작 깨물어 먹는다. 비타민 C가 레몬보다 많이 들어 시큼한 맛이 난다. 그러나 덜 익은 장과나 잎줄기는 독이 있으므로 많이 먹으면 치명적이라 한다. 이는 감자 순과 녹색 토마토 열매나 토마토의 잎에 든 솔라닌 성분 탓이라한다. 이런 독성분도 마땅히 곤충들의 침해를 막기 위한 장치인 것.

잘 익은 꽈리 열매를 꿀이나 설탕에 잰 꽈리 정과는 색깔도 좋거니와 모양도 윗길이다. 어린잎은 한소끔 데쳐서 물에 담가 쓴맛을 우려내고 요리를 해 먹는다. 또 꽈리는 약재로 이용되니 예부터 전초 말린 것을 한방에서 산장酸漿이라 하여 해열제로 썼고, 꽈리 열매는 통풍과 낙태에 특효가 있는 것으로 알려졌다.

뿌리와 열매에는 여러 종류의 피살린physalin이란 물질이 있어서 현대 의학에서도 이뇨 작용과 간 회복을 돕는 데 쓰며, 소독제, 진정제, 항세균제로도 쓴다. 그리고 속에 든 다당류가 활성산소를 먹어 치우는 항산화제 역할을 하여 노화를 방지한다고 한다. 약이 되지 않는 풀이 없으니 꽈리 또한 그러하다.

요새 와서는 꽈리를 아파트 베란다나 뜰, 터알(집의 울안에 있는 작은 밭)에도 많이들 심는다. 내 산밭(야전野田)에도 느닷없이 어디서 왔는지(아마도 새똥에 묻어온 듯한) 꽈리가 저절로 나 덤부렁듬쑥 풀숲을 이뤘다. 발갛게 여문 꽈리를 꺾어다 집사람에게 갖다 바친다. 줄기째 잘라 잎은 떼어버리고, 벽면 한 구석에 잇대 주렁주렁 걸어놓으니 고아古雅한 예스러움이 풍기고 그 귀티가 한결 고풍다운 운치를 더한다! 겨울 꽃다발로 안성맞춤이며, 꽃병에 꽂아 다른 꽃과 함께 집 안을 꾸민다.

코 떼어놓은 수달 꼴

"수달이 많으면 고기 씨가 마른다"는 동물이나 사람이나 모두 강자가 많으면 약자는 생존하기 어려움을, "수달이 고기 널어놓듯"이란 물건을 여기저기 어지럽게 널어놓음을, "수달 코 떼어놓으면 먹을 것이 없다"란 수달 코처럼 코가 큰 사람을 비아냥거림을, "코 떼어놓은 수달 꼴이다"는 수달의 큰 코를 떼어놓으면 볼품이 없듯이 있던 것이 없으면 꼴이 이상해짐을 빗대는 말이다. 암튼 수달 코는 수달을 상징하는 부위로 알아줘야 한다.

수달水獺은 식육목 족제비과로 물뭍을 오가며 양서兩棲하는 반수서포유류semiaquatic mammals이다. 서양에서는 포유류인 비버도 강물에 살지만, 우리나라나 아시아에서는 물에 사는 예사내기가 아닌 짐승으로 수달이 손꼽힌다. 족제비과에는 수달, 산달山獺, 해달海獺, 족제비, 오소리, 담비 등이 있다.

수달은 오래전에는 땅에서 살아가던 동물이었으나 긴 세월에 걸쳐 수생 생활에 적응하면서 다리가 짧아졌고, 몸뚱이는 기다랗고 매끈하게 변했으며, 앞뒤 발 모두에 넓적한 물갈퀴가 생겨나 드디어 '물고기 사냥꾼'이 되었다. 잡은 물고기는 살며시 바위로 올라와 먹으며, 송곳니가 발달해서 큰 물고기도 통째로 씹어 삼킨다.

그래도 몸뚱이에 육지 생활의 흔적이 남았으니 아가미가 아닌 허파로 숨을 쉬고, 몸에는 털이 부숭부숭하다. 고래나 물개 따위의 포유류는 민물이 아닌 짜디짠 바다에 적응한 것이고.

수달Eurasian otter은 우리나라에만 사는 것이 아니라 아시아, 유럽, 북아프리카 등지에 널리 분포한다. 우리나라에서는 멸종될 위기에 있어서 천연기념물 제 330호로 지정하여 보호하고 있다. 노르웨이, 영국, 이탈리아 등 유럽에서는 일찍이 심상치 않게 여기고 지대한 관심으로 보호하여 금세 개체 수가 늘고 있다지만, 한국에서는 안타깝게도 절멸 위기에 처했다.

수달은 세계적으로 세 종이 있다. 우리나라를 포함해서 유럽 등지에 서식하는 수달*Lutra lutra*과 말레이시아의 *L. sumatrana*, 일본종인 *L. nippon*이 있다. 일본 종은 아쉽게도 근래 멸종되고 말았다고 한다. 이렇게 수달은 아시아가 원산지인 동물로, 물이 얕고 좁은 강을 좋아하고, 주변에 숲이 우거지고 바위가 많은 곳을 즐긴다. 다시 말해서 반드시 풀이 나고 바윗돌이 많은 곳에 서식하는 특성이 있다.

앞에서도 말했듯이 맵시 나는 수달은 민물에서 수중생활을 하는 유일한 포유동물로, 생물학적으로 보면 썩 진귀한 동물이다. 등짝은 갈색이고, 배는 크림색(흐린 노란색)이며, 갸름하면서 호리호리하게 생긴 날씬한 수달은 물에 살기에 알맞다. 골경화로 뼈가 치밀해져 부력을 줄일 수 있고, 발가락에 물갈퀴가 있어 물에서 헤엄을 칠 수 있으며, 게다가 긴 꼬리는 배의 방향키 rudder를 닮았다.

또한 녀석은 목이 짧고, 시야가 넓으며, 네 다리가 짧다. 몸길이는 57~95센티미터, 꼬리길이는 35~45센티미터이고, 평균 몸무게는 7~12킬로그램이다. 수컷 중에서 매우 큰 것은 17킬로그램이나 나가는 놈도 있고, 암컷은 수컷보다 몸집이 작다. 머리와 코는 둥글며, 눈은 작고 귀가 짧으며, 둥근 꼬리는 끝으로 갈수록 가늘어진다. 물속에서 귓구멍과 콧구멍을 닫을 수 있고, 겉의 긴 털은 기름이 번질번질하여 물에 젖지 않으며, 촘촘히 난 속 털은 잘고 가는 것이 찬기(냉기)를 차단해준다. 그리고 항문선이 발달하여 심한 악취를 풍기는데, 말할 필요 없이 그 냄새가 우리에겐 고약할지언정 끼리끼리는 향수요, 서로를 끄는 향기이며, 영역을 알리는 수단일지어다.

　야행성이라 밤에 사냥하고, 낮에는 굴속에 틀어박혀 있다. 물가의 굴이나 구새통에 집을 짓는데, 물속으로 살포시 들어가 위로 뚫어놓은 통로를 따라 찾아간다. 하여 여느 동물도 접근이 불가하다. 감각이 발달하여 작은 소리도 잘 듣고, 예민한 후각으로 물고기를 잡는다. 먹이는 주로 비늘이 없는 물고기인 메기, 가물치, 미꾸리 등을 좋아한다. 이렇게 물고기를 주식으로 삼지만 겨울이나 추운 곳에서는 양서류, 설치류, 수생딱정벌레, 물달팽이, 가재, 새우를 먹고, 풀도 뜯어 먹으니 아무것이나 먹는 동물이다. 유럽의 수달은 더더욱 다부지고 사나워서 물새나 새끼 비버까지도 잡아먹는다고 한다. 옳거니, 언제나 먹새 좋은 동물이 생존력이 강한 법!

호수, 샛강, 강, 연못 등 먹이가 넉넉한 곳에서는 어디서나 산다. 그런데 생뚱맞게도 바닷가에 간혹 출몰하는 수가 있는데, 반드시 소금기가 묻은 털을 곧바로 씻을 수 있는 강물이 가까이 있는 곳이다. 강에 먹잇감이 널려 있다면 누가, 왜 짠물인 바다로 가겠는가. 산꼭대기의 멧돼지가 논밭이나 도시로 출몰하는 것과 다르지 않다.

시골 우리 동네 큰 강에서도 자주 맞닥뜨렸던 수달이다. 몸을 덥히고, 일광욕하느라 너럭바위에 넙죽넙죽 엎드리거나 벌러덩 누워 있던 모습이 눈에 선하다. 그런 멀쩡하고 평화로웠던 수달을 고약하고 그악스런 밀렵꾼들이 애꿎게도 수달 가죽을 얻겠다고 덫을 놓아 잡아서 그 수가 엄청나게 줄어버렸다. 개체 수가 줄어든 가장 치명적인 원인은 서식지의 파괴와 함께 농약으로 인한 강의 오염이라 한다. 그런데 우리보다 한술 더 떠서 이웃 일본에서는 이미 가뭇없이 거덜 난 것으로 알려졌다. 반면에 유럽에서는 되레 개체 수가 증가하는 추세라 하니 흉물스러웠던 강물 정화에 쭉 오래오래 온전하게 힘을 쏟은 탓이리라.

수달은 단독생활을 하면서 텃세를 심히 부리는 동물이다. 보통 한 마리가 지름 18킬로미터의 영역을 차지한다고 하며, 그

세력권의 크기는 먹이의 밀도에 매였으니 먹이가 넘치면 그 범위가 확 줄어든다. 발정기가 정해져 있지 않기에 1년 내내 언제나 짝짓기를 하며, 태어난 지 2년 하고도 반년이 지나면 성숙하여 새끼를 밴다. 임신 기간은 보통 60~64일이고, 1~4마리를 낳으며, 어미가 1년여를 보살핀다. 수컷은 새끼 돌보기에 별다른 일을 하지 않지만 새끼를 가진 암컷은 수컷 텃세 속에 머물 수 있다.

다행히 현재 강원도 화천군 간동면에 수달전문연구기관인 '한국수달보호협회'가 모처럼 설립되어 각종 수달 연구 및 보호와 홍보 사업을 펼쳐나가고 있다. 어서 서둘러 수달이 득실거리는 강으로 가꾸어 나가자꾸나. 제 발등을 제가 찧는다는 말이 있지 않던가. 그깟 수달쯤 하고 대수롭지 않게 여겨 홀대하거나 내팽개쳐놨다가는 땅을 치고 후회할 날이 올 테니까. 암튼 우리 손에 그들의 명운命運이 달렸으니…….

가을 멸구는 나락 벼늘도 먹는다

"가을 멸구는 나락 벼늘도 먹는다"란 여름의 멸구의 피해보다 가을 멸구의 피해가 더 심함을 뜻한다. 여기서 '벼늘'이란 벼나 보리, 밀 등의 낟알이 붙은 곡식을 베어 묶어 그대로 쌓아 놓은 큰 무더기인 '낟가리'를 일컫는다. "멸구 지나간 끝은 없다"거나 "장마 지난 끝은 있어도 멸구 지난 끝은 없다"란 수해는 끝에 논이라도 남아 있다지만 멸구는 수시로 곡식을 모조리 박살내므로 수해보다 멸구 피해가 더 커서 폐농廢農시킴을 뜻한다.

또 "번개 치면 멸구는 죽는다"란 난데없는 번개 끝에 폭우가 내려 멸구가 다 떠내려감을, "멸구 많은 해에 멸치가 많이 잡힌다"란 중국에서 발생한 기류가 우리나라로 이동할 때 멸구도 어김없이 꼽사리 끼어 한달음에 날아오는데, 도중에 멸구가 남서해안에 떨어지면서 멸치 먹잇감이 되어 멸치가 많이 잡힘을 일컫는다. 지금도 황사나 미세먼지가 중국에서 날아드는 것은 공기 흐름의 탓이다. 또한 "그놈의 집구석 멸구 들었다"란 멸구가 들어 깡그리 농사를 망치듯이 온 집안이 엉망진창으로 풍비박산風飛雹散, 지리멸렬支離滅裂되어 폭삭 망함을 뜻한다. 멸구가 얼마나 무서웠으면 이런 말이 생겼겠는가.

멸구plant hopper는 곤충강 매미목 멸구과에 속하고, 열대지방을 중심으로 세계 각지에 분포하며, 식물 즙액을 빨아 먹는 해로운 곤충이다. 현재 세계적으로 180여 속, 1800여 종이 알려져 있고, 한국에는 벼멸구, 흰등멸구, 애멸구 등 50여 종 이상이 서식하고 있다. 멸구는 성충과 유충 모두 벼, 보리, 옥수수, 사탕수수 같은 벼과 식물에 엄청난 피해를 준다.

멸구들은 다종다양하여서 몸길이 2~9밀리미터로 길쭉하고, 머리가 짧으며, 홑눈은 두 개로 겹눈 밑에 있다. 날개맥은 퇴화되었고, 그 안에 기관과 신경이 분포하며, 두꺼운 날개맥 표면의 키틴질은 얇은 날개를 지지하고 강화하는 구실을 한다. 또 날개맥의 크기, 모양, 분포, 분지 등으로 멸구를 분류하기도 한다.

쌀은 지구인의 거의 반이 주식하는 주곡主穀이다. 이 소중한 벼에 피해를 가장 많이 끼치는 벼멸구를 살펴본다. 벼멸구는 절지동물의 매미목 멸구과의 곤충으로 '갈색멸구'라고도 하는데, 흰등멸구와 함께 벼의 최대 해충이다.

얌통머리 없고, 오사誤死할 섬뜩한 멸구 놈들은 애벌레, 성체 할 것 없이 죄 벼대(벼줄기) 아랫부분에 덕지덕지 떼거리로 기를 쓰고 달라붙는다. 푸짐하게 즙을 빨아 먹으므로 어김없이 대가 약해지고 남루해지면서 이내 풀썩 쓰러지고, 싱그럽던 벼는 어느새 볼품없이 온통 다 말라 죽는다. 벼멸구의 입은 빳빳한 벼줄기에 구멍을 쉽게 뚫어 즙을 빨기 좋은 천흡형구기穿吸形口器여서 체관부에 흐르는 진을 빤다. 그러면 벼는 양분을 빼앗길 뿐더러 관다발이 막혀 대번에 잎이 노래지면서 타들어간다. 아뿔싸, 툭하면 벼가 몰살 당하고 끝내 농사를 그르친다. 어느 때는 심지어 논이 텅 비는 수도 있다. 조생종보다는 만생종晩生種에, 또 건답乾畓보다는 습답濕畓에서 피해가 많다.

벼멸구 중에서 날개가 긴 장시형長翅型은 몸길이가 4.5~5밀리미터이고, 단시형短翅型은 3.3밀리미터 내외다. 날개는 투명하여 날개맥이 또렷하다. 장시형은 날개가 커서 이동성이 있으며, 몸은 갈색이다. 그리고 중국에서 날아올 때는 모두 잘 나는 장시형이고, 1세대를 끝낸 2세대부터는 수컷이 거의 다 장시형, 암컷은 얼추 단시형이다.

벼멸구는 암컷이 수컷보다 좀 크고, 등짝은 황토색을 띤 갈색이며, 배 바닥은 짙은 갈색이다. 몸과 머리는 암갈색, 겹눈은 흑색, 홑눈은 흑갈색이며, 더듬이 역시 암갈색으로 광택이 난다. 알에서 갓 부화한 약충은 유백색이지만 탈피를 거듭할수록 차츰 등판 상부가 담갈색이나 흑갈색으로 변한다. 참고로 번데기시기가 없는 안갖춘탈바꿈(불완전변태)을 하는 곤충의 애벌레를 약충, 갖춘탈바꿈(완전변태)을 하는 곤충의 애벌레는 유충이라 구별하여 부른다.

벼멸구는 온대지방에서는 겨울을 나지 못하며, 열대의 것들이 이듬해 봄에 아주 먼 곳에서 날아든다. 우리나라에는 중국 남부 지역에서 6~7월께 남서풍을 타고 번번이 옮겨오는데 그 해묵은 일이 여태 연이어져 온다. 이른 6월 하순에 날아온 것은 3세대를 마칠 수 있지만 7월 하순에 날아온 벼멸구는 2세대에 그치고 만다. 그러나 열대지방에서는 1년 내내 무시로 어마어마하게 발생, 증식하여 3~6세대를 이어간다. 놈들은 한국, 동남아시아, 중국, 인도, 태국, 베트남, 대만, 일본, 호주 등지에 널리 벼논이 있는 곳은 어디에서나 산다.

녀석들은 온도에 예민하여 부화나 생존율이 섭씨 25도에서 가장 높고, 28~30도에서 집단 성장이 가장 활발하다. 더군다나 요소와 같은 질소비료를 식물에 잔뜩 쓰면 식물이 웃자라

약해져 더 많은 멸구가 달려든다. 또 얻는 게 있으면 반드시 잃는 것이 있다 하듯이 농약(살충제)을 잘못 쓰면 외려 들늑대거미 같은 천적을 죄다 거덜 내어 폭발적으로 증가하는 수가 있다. 그래서 되도록 농약을 줄여야 하고, 심할 때는 논에서 물을 뽑아버리거나 멸구에 강한 품종을 심는다.

넌더리나게도 성체가 되자마자 짝짓기를 하고 다음 날부터 냉큼 산란을 시작하는데, 잎집이나 잎 중앙에 3~10개씩 무더기로 총 200~250개의 알을 낳는다. 알은 길이 0.8밀리미터, 폭 0.18밀리미터의 바나나 모양으로 약간 굽은 것이 젖빛을 띠며, 6~9일 후면 부화한다. 갓 깨어난 약충은 목화 솜털처럼 희지만 한 시간 후면 갈색으로 변한다. 그리고 2~3주 동안에 다섯 번을 탈피하여 성체가 되며, 수컷의 수명은 15~20일이지만 암컷은 15~30일이다.

가물가물한 지난날, 필자가 어릴 때만 해도 도무지 농약이란 것 자체가 없어서 멸구가 기고만장하여 생기면 생기는 대로 속수무책으로 당하는 수밖에 없었다. 변변치 못한 농부들은 천날 만날 농사는 하늘이 짓는 것으로만 알고 하늘만 쳐다보았지.

그렇다. 곡식이나 과일에 분해되고 남은 잔류 농약이 몸에 해롭다고들 하지만 살충제나 제초제가 통 없었다면 어쩔 뻔했

을꼬. 벼멸구나 벼메뚜기는 그렇다 치고, 벼 포기를 가르며 사이사이를 헤집고 다녀야 하는 논매기는 그 얼마나 사람을 잡았는데……. 그 시절 농부들에게는 미안한 말일 수도 있지만 요새처럼 농사짓기 편한 세상이 올 줄은 꿈에도 몰랐다! 하여 사람 천적은 다름 아닌 곤충과 잡초렷다.

우리말에 깃든 생물이야기 시리즈

일상에서 흔히 쓰는 속담, 고사성어, 관용구에 숨은 생물이야기를
달팽이 박사 권오길 선생이 재치 있는 표현과 입담으로
알기 쉽게 풀어쓴 교양 과학서 시리즈입니다.

1권

달팽이 더듬이 위에서
티격태격, 와우각상쟁

작은 고추가 맵다 | 이 거머리 같은 놈! | 쪽빛, 남색, 인디고블루는 같은 색 | 가물치 콧구멍이다! | 어버이 살아실 제 섬기기 다하여라, 까악! | 잎줄기와 꽃은 천생 해바라기, 뿌리는 영락없이 감자인 뚱딴지 | 야 이놈아, 시치미 떼도 다 안다! | 지네 발에 신 신긴다 | 구불구불 아홉 번 굽이치는 구절양장 | 눈을 보면 뇌가 보인다 | 가재는 게 편이요, 초록은 동색이라 | 은행나무도 마주 심어야 열매가 연다 | 참새가 방앗간을 그저 지나랴 | 벼룩의 간을 내먹겠다 | 야, 학질 뗐네! | 자라 보고 놀란 가슴 솥뚜껑 보고 놀란다 | 임금님 머리에 매미가 앉았다? | 해로동혈은 다름 아닌 해면동물 바다수세미렷다! | 빈대도 낯짝이 있다 | 만만한 게 홍어 거시기다 | 나무도 아닌 것이 풀도 아닌 것이 | 달팽이 더듬이 위에서 티격태격, 와우각상쟁 | 이현령비현령이라! | 복어 헛배만 불렀다 | 보릿고개가 태산보다 높다 | 우렁이도 두렁 넘을 꾀가 있다 | 간에 붙었다 쓸개에 붙었다 한다 | 마

파람에 게 눈 감추듯 | 구더기 무서워 장 못 담그랴 | 뱁새가 황새 따라가다 가랑이 찢어진다 | 하루살이 같은 부유인생 | 호박꽃도 꽃이냐 | 꿩 대신 닭이라 | 망둥이가 뛰니 꼴뚜기도 뛴다 | 이름 없는 풀의 이름, 그령 | 두더지 혼인 같다 | 밴댕이 소갈머리 같으니라고 | 당랑거철이라, 사마귀가 팔뚝을 휘둘러 수레에 맞서? | 박쥐구실, 교활한 박쥐의 두 마음 | '부평초 인생'의 부평초는 무논의 개구리밥 | 개똥불로 별을 대적한다 | 귀 잘생긴 거지는 있어도 코 잘생긴 거지는 없다 | 토끼를 다 잡으면 사냥하던 개를 삶아 먹는다 | 견문발검, 모기 밉다고 칼을 뽑으랴 | 구렁이 담 넘어가듯 한다 | 쑥대밭이 됐다 | 썩어도 준치 | 노래기 회 쳐 먹을 놈 | 연잎 효과 | 녹비에 가로왈 자라

2권

소라는 까먹어도 한 바구니
안 까먹어도 한 바구니

인간만사가 새옹지마라! | 네가 뭘 안다고 촉새같이 나불거리느냐? | 고양이 쥐 생각한다 | 콩이랑 보리도 구분 못하는 무식한 놈, 숙맥불변 | 도로 물려라, 말짱 도루묵이다! | 미꾸라지 용 됐다 | 손톱은 슬플 때마다 돋고, 발톱은 기쁠 때마다 돋는다 | 메기가 눈은 작아도 저 먹을 것은 알아본다 | 오동나무 보고 춤춘다 | 여우가 호랑이의 위세를 빌려 거들먹거린다, 호가호위 | 물고에 송사리 끓듯 | 개구리도 옴쳐야 뛴다 | 곤드레만드레의 곤드레는 다름 아닌 고려엉겅퀴 | 두루미 꽁지 같다 | 눈썹에 불났다, 초미지급 | 넙치가 되도록 얻어맞다 | 언청이 굴회 마시듯 한다 | 칡과 등나무의 싸움박질, 갈등 | 달걀에 뼈가 있다? 달걀이 곯았다! | 소라는 까먹어도 한 바구니 안 까먹어도 한 바구니 | 오소리감투가 둘이다 | 못된 소나무가 솔방울만 많더라 | 진화는 혁명이다! | 등용문을 오른 잉어 | 이 맹꽁이 같은 녀석 | 도토리 키 재기, 개밥에 도토리 | 제비는 작아도 알만 잘 낳는

다 | 개 꼬락서니 미워서 낙지 산다 | 처음에는 사람이 술을 마시다가 술이 술을 마시게 되고, 나중에는 술이 사람을 마신다 | 악어의 눈물 | 우선 먹기는 곶감이 달다 | 조개와 도요새의 싸움, 방휼지쟁 | 눈이 뱀장어 눈이면 겁이 없다 | 황새 여울목 넘겨보듯 | 엉덩이로 밤송이를 까라면 깠지 | 원앙이 녹수를 만났다 | 짝 잃은 거위를 곡하노라 | 이 원수는 결코 잊지 않겠다, 와신상담 | 재주는 곰이 부리고 돈은 주인이 받는다 | 원숭이 낯짝 같다 | 뭣도 모르고 송이 따러 간다 | 사또 덕분에 나팔 분다 | 호랑이가 새끼 치겠다 | 너 죽고 나 살자, 치킨 게임 | '새삼스럽다'는 말을 만든 것은 '새삼'이 아닐까? | 쥐구멍에도 볕 들 날 있다 | 떡두꺼비 같은 내 아들 | 그칠 줄 모르는 질주, 레밍 효과 | 피는 물보다 진하다 | 입술이 없으면 이가 시리다, 순망치한

3권

고슴도치도 제 새끼는
함함하다 한다지?

뽕 내 맡은 누에 같다 | 오이 밭에선 신을 고쳐 신지 마라 | 고슴도치도 제 새끼는 함함하다 한다 | 백발은 빛나는 면류관, 착하게 살아야 그것을 얻는다 | 후회하면 늦으리, 풍수지탄 | 파리 족통만 하다 | 새끼 많은 소 길마 벗을 날이 없다 | 자식도 슬하의 자식이라 | 빨리 알기는 칠월 귀뚜라미라 | 진드기가 아주까리 흉보듯 | 고래 싸움에 새우 등 터진다 | 사시나무 떨듯 한다 | 다람쥐 쳇바퀴 돌듯 | 창자 속 벌레, 횟배앓이 | 화룡점정, 용이 구름을 타고 날아 오르다 | 귀신 씨나락 까먹는 소리한다 | 양 머리를 걸어놓고 개고기를 판다 | 손뼉도 마주 쳐야 소리가 난다, 고장난명 | 기린은 잠자고 스라소니는 춤춘다 | 언 발에 오줌 누기 | 여덟 가랑이 대 문어같이 멀끔하다 | 까마귀 날자 배 떨어진다, 오비이락 | 임시방편, 타조 효과 | 목구멍이 포도청 | 사탕붕어의 검둥검둥이라 | 고사리 같은 손 | 부엉이 방귀 같다 | 수염이 대자라도 먹어야 양반 | 방심은 금물, 낙타의 코 | 벌레

먹은 배춧잎 같다 | 치명적 약점, 아킬레스건 | 흰소리 잘하는 사람은 까치
흰 뱃바닥 같다 | 계륵, 닭의 갈비 먹을 것 없다 | 웃는 낯에 침 뱉으랴 |
알토란 같은 내 새끼 | 혀 밑에 도끼 들었다 | 세상 뜸부기는 다 네 뜸부기
냐 | 하루 일하지 않으면 하루 먹지 말라 | 첨벙, 몸을 날리는 첫 펭귄 | 잠
자리 날개 같다 | 뽕나무밭이 변해 푸른 바다가 된다, 상전벽해 | 돼지 멱
따는 소리 | 뻐꾸기가 둥지를 틀었다? | 뱉을 수도, 삼킬 수도 없는 뜨거운
감자 | 닭 잡아먹고 오리발 내민다 | 깨끗한 삶을 위해 귀를 씻다 | 역사에
바쁜 벌은 슬퍼할 틈조차 없다 | 산 입에 거미줄 치랴

4권

명태가 노가리를 까니,
북어냐 동태냐

탄광 속 카나리아 | 되는 집에는 가지나무에 수박이 열린다 | 코끼리 비스킷 하나 먹으나 마나 | 부아 돋는 날 의붓아비 온다 | 절치부심하여도 늙음을 막을 자 없으니 | 엿장수 맘대로 | 개떡 같은 놈의 세상 | 그 정도면 약과일세! | 전어 굽는 냄새에 집 나갔던 며느리 다시 돌아온다 | 집에서 새는 바가지는 들에서도 샌다 | 애간장을 태운다 | 명태가 노가리를 까니, 북어냐 동태냐 | 아닌 밤중에 홍두깨 | 송충이는 솔잎을 먹어야 산다 | 약방의 감초라! | 비위가 거슬리다 | 울며 겨자 먹기 | 이런 염병할 놈! | 새우 싸움에 고래 등 터진다 | 피가 켕기다 | 임금이 가장 믿고 소중하게 여기는 신하, 고굉지신 | 팥으로 메주를 쑨대도 곧이듣는다 | 캥거루족은 빨대족? | 정글의 법칙, 약육강식 | 강남의 귤을 북쪽에 심으면 탱자가 된다, 남귤북지 | 미주알고주알 밑두리콧두리 캔다 | 어이딸이 두부 앗듯 | 어물전 망신은 꼴뚜기가 시킨다 | 벌집 쑤시어 놓은 듯 | 미역국 먹고 생선 가

시 내랴 | 갈치가 갈치 꼬리 문다 | 빛 좋은 개살구 | 우황 든 소 같다 | 대
추나무 연 걸렸네 | 진주가 열 그릇이나 꿰어야 구슬 | 귓구멍에 마늘쪽 박
았나 | 무 밑동 같다 | 시다는데 초를 친다 | 메뚜기도 유월이 한철이다 |
가지나무에 목을 맨다 | 사후 약방문 | 숯이 검정 나무란다 | 콩나물에 낫
걸이 | 비둘기 마음은 콩밭에 있다 | 훈장 똥은 개도 안 먹는다 | 족제비도
낯짝이 있다 | 될성부른 나무는 떡잎부터 알아본다 | 참깨 들깨 노는데 아
주까리 못 놀까 | 가을 아욱국은 사위만 준다 | 아메바적 사고법

5권

소나무가 무성하니
잣나무도 어우렁더우렁

똥 싼 주제에 매화타령한다 | 너구리도 들 구멍 날 구멍을 판다 | 핑계 핑계 도라지 캐러 간다 | 좀스럽다 | 오줌에 뒷나무 | 지렁이도 밟으면 꿈틀한다 | 떡 줄 사람은 꿈도 안 꾸는데 김칫국부터 마신다 | 메밀도 굴러가다가 서 는 모가 있다 | 이른 봄에는 새 움이 홍역을 한다 | 머리카락에 홈 파겠다 | 각골난망이로소이다 | 날 샌 올빼미 신세 | 아주까리 대에 개똥참외 달라 붙듯 | 후추는 작아도 진상에만 간다 | 가을 상추는 문 걸어 잠그고 먹는다 | 손톱 밑에 가시 드는 줄은 알아도 염통 밑에 쉬스는 줄은 모른다 | 배꼽 이 웃겠다 | 싸리 밭에 개 팔자 | 노루 꼬리만 하다 | 어장이 안 되려면 해파 리만 끓는다 | 동짓달에 멍석딸기 찾는다 | 파랑새증후군 | 이마에 부은 물 이 발뒤꿈치로 내린다 | 파김치가 되다 | 뛰어보았자 부처님 손바닥 | 오합 지졸 | 맥도 모르고 침통 흔든다 | 닭 소 보듯, 소 닭 보듯 | 못된 버섯이 삼 월부터 난다 | 문둥이 콧구멍에 박힌 마늘씨도 파먹겠다 | 개똥참외는 먼저

맡는 이가 임자라 | 소나무가 무성하면 잣나무도 기뻐한다 | 목젖이 방아를 찧다 | 번데기 앞에서 주름잡는다 | 굼벵이도 구르는 재주가 있다 | 범이 담배를 피우고 곰이 막걸리를 거르던 때 | 말 타면 경마 잡히고 싶다 | 볼탄 조기 껍질 같다 | 소금 먹은 놈이 물켠다 | 쇠불알 떨어질까 하고 제 장작 지고 다닌다 | 뻗어 가는 칡도 한이 있다 | 고름이 살 되랴 | 병아리 본 솔개 | 삼대 들어서듯 | 머리가 모시 바구니가 되었다 | 거북이 잔등의 털을 긁는다 | 과실 망신은 모과가 다 시킨다 | 밤송이 우엉 송이 다 끼어 보았다 | 호랑이 담배 피울 적 | 남양 원님 굴회 마시듯